HISTOIRE NATURELLE

DES

COLÉOPTÈRES

DE FRANCE,

Par M. E. Mulsant,

Sous-Bibliothécaire de la ville de Lyon,
Professeur d'Histoire naturelle au Lycée,
Membre de l'Académie Impériale des Sciences, Belles-Lettres et Arts,
des Sociétés Impériale d'Agriculture, Linnéenne et Littéraire
de la même ville, etc.

PECTINIPÈDES.

PARIS.
L. MAISON, LIBRAIRE, RUE DE TOURNON, 17.

1856.

COLÉOPTÈRES

DE FRANCE.

Lyon. — Imp. de F. DUMOULIN, rue Centrale, 20.

HISTOIRE NATURELLE

DES

COLÉOPTÈRES

DE FRANCE,

Par M. E. Mulsant,

Sous-Bibliothécaire de la ville de Lyon,
Professeur d'Histoire naturelle au Lycée,
Membre de l'Académie Impériale des Sciences, Belles-Lettres et Arts,
des Sociétés Impériale d'Agriculture, Linnéenne et Littéraire
de la même ville, etc.

PECTINIPÈDES.

PARIS.

L. MAISON, LIBRAIRE, RUE DE TOURNON, 17.

1856.

A MONSIEUR LE COMTE DE RAYNEVAL,

AMBASSADEUR DE FRANCE A ROME,
GRAND OFFICIER DE LA LÉGION-D'HONNEUR,
ETC., ETC., ETC.

Monsieur le Comte,

Dans les loisirs assez rares que vous laissent les fonctions éminentes que la France vous voit remplir avec tant de sagesse et de distinction pour elle, avec tant de satisfaction pour le Pontife vénéré dont il vous est donné d'admirer de plus près les vertus et la bonté, vous aimez à chercher dans l'étude des œuvres de la nature des distractions à vos occupations sérieuses. Combien je serais heureux, si ces pages que j'ose abriter d'un nom aussi honoré que le vôtre, pouvaient contribuer à vous révéler quelques-unes de ces merveilles pour lesquelles vous avez une admiration si éclairée! Si elles pouvaient surtout vous offrir un nouveau témoignage des sentiments profonds de respect avec lesquels,

Je suis

Monsieur le Comte,

Votre tout dévoué serviteur

E. MULSANT.

Lyon, le 15 novembre 1855.

TABLEAU MÉTHODIQUE

DES

COLÉOPTÈRES PECTINIPÈDES.

PREMIÈRE FAMILLE. **CISTÉLIENS.**

PREMIÈRE BRANCHE. **Mycétocharaires.**

MYCETOCHARES, Latreille.

Barbata, *Latreille.*
Bipustulata, *Illiger.*
Fasciata, *E. Mulsant* et *V. Mulsant.*
Quadrimaculata, *Latreille.*
Flavipes, *Fabricius.*
Axillaris, *Paykull.*
Linearis, *L. Redtenbacher.*
Maurina, *Mulsant.*

HYMENORUS, Mulsant.

Doublieri, *Mulsant.*

DEUXIÈME BRANCHE. **Cistélaires.**

ALLECULA, Fabricius.

Morio, *Fabricius.*

GONODERA, Mulsant.

Fulvipes, *Fabricius.*

CISTELA, Fabricius.

Ceramboides, *Linné.*

HYMENALIA, Mulsant.

Fusca, *Illiger.*

ISOMIRA, Mulsant.

Antennata, *Panzer.*
Murina, *Linné.*
Hypocrita, *Mulsant.*

ERYX, Stephens.

Atra, *Fabricius.*

DEUXIÈME FAMILLE. **Omophliens.**

PODONTA, Mulsant.

Nigrita, *Fabricius.*

CTENIOPUS, Solier.

Sulfureus, *Linné.*

HELIOTAURUS, Mulsant.

Nigripennis, *Fabricius.*
Distinctus, de *Castelnau.*

OMOPHLUS, Solier.

Curvipes, *Brullé*
Picipes, *Fabricius.*
Frigidus, *Guillebeau.*
Pubescens, *Linné.*
Lividipes, *Mulsant.*
Lepturoides, *Fabricius.*
Brevicollis, *Mulsant.*

TRIBU

DES

PECTINIPÈDES.

CARACTÈRES. *Antennes* insérées au devant des yeux, sous un rebord plus ou moins faible des joues; à peine voilées à leur base par ce rebord; tantôt presque de même grosseur, tantôt grossissant un peu après la moitié ou vers l'extrémité. *Yeux* situés sur les côtés de la tête; plus ou moins saillants; ordinairement échancrés par les joues, jamais complètement coupés par celles-ci. *Hanches antérieures* tantôt globuleuses ou presque globuleuses, tantôt plus ou moins coniques : dans le premier cas, souvent séparées par le sternum : dans le second, comprimant cette pièce, la rendant peu ou point distincte ou la forçant à s'atrophier entre elles. *Ventre* de cinq arceaux, chez les uns; de six, chez les autres : le quatrième, ordinairemeut proportionné au troisième ou faiblement plus court que lui. *Tarses antérieurs* et *intermédiaires* de cinq articles : les *postérieurs* de quatre. *Ongles* pectinés.

Ce caractère frappant d'avoir chaque branche des ongles pourvue, au côté interne, de dents analogues à celles d'un peigne, suffit pour permettre de distinguer ces Hétéromères entre tous ceux de notre première division. De là, le nom de *Pectinipèdes* appliqué aux insectes de cette Tribu.

ETUDE DES PARTIES EXTÉRIEURES DU CORPS.

L'étude de l'enveloppe tégumentaire est d'autant plus importante, que cette partie représente chez les animaux articulés le squelette des vertébrés. Aucune de ses pièces ne peut prendre un certain développement, sans que quelques-unes des voisines ne subissent un rapetissement proportionnel ; de là résultent des modifications dans l'exercice des fonctions de relations, et par conséquent dans le genre de vie de ces êtres intéressants.

La *tête* toujours penchée ou verticalement déclive, se rapproche généralement de la forme d'un triangle un peu tronqué en devant. Tantôt son diamètre transversal surpasse sa longueur ; tantôt, au contraire, comme chez les Cténiopes surtout, elle est visiblement plus longue que large. Elle s'enfonce généralement moins dans le prothorax, que chez les insectes de la tribu précédente, et elle semble d'autant moins engagée dans ce segment, que les organes de la vision forment, sur ses côtés, une saillie plus prononcée.

Le *labre* est toujours très-visible et transversal ; habituellement entier ou arqué, quelquefois faiblement échancré à son bord antérieur.

Les *mandibules* généralement plus courtes chez les espèces dont la tête offre plus de largeur, plus allongées chez les autres, sont bidentées à l'extrémité chez les Pectinipèdes de la première famille; entières ou terminées en pointe, chez ceux de la seconde.

Les *mâchoires* sont divisées en deux lobes : l'externe, plus gros, est élargi d'arrière en avant et arrondi à son bord antérieur, chez les uns, presque parallèle chez les autres, généralement frangé à son extrémité : l'interne, plus étroit, est cilié ou garni de poils sub-spinosules à son côté interne, et semble même montrer souvent vers son extrémité une épine ou dent cornée ou subcornée.

Les *palpes maxillaires* sont plus ou moins allongés, et composés de quatre articles dont le dernier surtout offre une configuration variable, suivant les genres. Chez les Cistéliens, il est généralement beaucoup plus gros que le précédent, affecte la forme d'une hache, d'un coutre ou d'un triangle renversé ; chez les Omophliens, son développement est moins remarquable, et parfois il est à peine plus gros que le troisième.

Le *menton* laisse toujours à découvert la base des mâchoires, et ne remplit jamais en entier l'échancrure progéniale. Ordinairement il s'élargit d'arrière en avant.

La *languette* toujours saillante, membraneuse ou d'une consistance peu solide, est tantôt entière ou subarrondie en devant, tantôt échancrée ou subcordiforme.

Les *palpes labiaux* beaucoup plus courts que les maxillaires, sont formés de trois articles : le dernier, toujours le plus caractéristique, est loin d'avoir toujours une configuration harmonique avec le même des palpes des mâchoires. Quelquefois obtriangulaire ou sécuriforme, il est parfois presque cylindrique.

Les *joues* habituellement moins développées que chez les Latigènes, ne forment sur les côtés de la tête qu'un rebord assez faible, voilant à peine la base des antennes. A leur partie postérieure, elles échancrent ordinairement les yeux dans leur milieu, mais sans jamais les couper entièrement.

L'*épistome* est habituellement en parallélipipède transverse, et séparé du front par un sillon.

Le *front* varie d'étendue, non-seulement suivant les genres, mais quelquefois dans les mêmes espèces, suivant les sexes. Chez un grand nombre il est creusé, sur son milieu, d'une fossette plus ou moins légère, et parfois d'une autre près du côté interne des organes de la vision.

Les *yeux*, situés sur les côtés de la tête, y forment en général une saillie plus ou moins marquée. Quelquefois presque orbiculaires et entiers, ils sont ordinairement échancrés par les joues. Leur développement varie parfois suivant les sexes ; ainsi, chez les Allécules et les Hyménalies, ils rétrécissent singulièrement le front des ♂, et laissent à celui des ♀ une plus grande largeur.

Les *antennes* généralement peu voilées à leur base, par le rebord des joues sous lequel elles sont insérées, n'égalent jamais le corps en longueur ; parfois elles en atteignent à peine les deux cinquièmes. Souvent presque filiformes ou d'égale grosseur, elles se montrent, chez d'autres, graduellement comprimées dans leur seconde moitié, et grossissant soit jusque vers l'extrémité ou seulement jusqu'aux deux tiers. Toujours de onze articles, elles semblent parfois en offrir presque douze, par suite de la conformation du dernier article, qui est rétréci avant son extrémité, comme appendicé ou composé de deux articles soudés ensemble. Le premier est ordinairement un peu renflé : les deuxième et troisième présentent un développement variable souvent jusque dans les mêmes espèces : le troisième, des Hyménalies et surtout des Cistèles ♀, est beaucoup plus court que le même chez les ♂ : les quatrième à dixième, moins différents entre eux de forme et de grandeur, ont une configuration et des proportions variables, suivant les genres ; parfois plus ou moins obconiques, quelquefois presque d'égale largeur, ils forment d'autres fois chacun, à leur côté interne, une dent toujours plus prononcée chez les ♂ que dans l'autre sexe. Le point d'insertion des antennes offre d'ailleurs, suivant les genres, quelques variations qui méritent d'être signalées; ainsi quelquefois ce point paraît engagé dans l'échancrure des yeux ; d'autres fois, au contraire, il est situé plus avant que la partie la plus antérieure de ces organes.

Le *prothorax* généralement moins long que large, offre, dans sa périphérie, toutes les transitions entre la figure du demi-cercle et celle du parallélipipède transversal. Dans le premier cas, sa forme semi-orbiculaire est due en partie à ses angles antérieurs infléchis et invisibles, quand l'insecte est examiné en dessus ; ses bords latéraux sont alors tranchants ou à peine rebordés, et sa base est souvent sensiblement bissinueuse ; dans le second cas, celle-ci est presque droite, et ses côtés ordinairement munis d'un rebord plus ou moins prononcé. Avec la forme semi-orbiculaire, il est graduellement moins convexe d'avant en arrière ; dans les autres cas, il est habituellement peu convexe. Parfois glabre, il est le plus souvent revêtu ou garni d'une fine pubescence ou hérissé de longs poils.

L'*écusson* est toujours distinct. Sa forme la plus ordinaire varie entre le triangle obtus et le demi-cercle.

Les *élytres* destinées à protéger toujours les véritables organes du vol, jouissent de toute leur liberté, c'est-à-dire ne se soudent jamais entre elles, et n'enveloppent pas les côtés du dessous du corps. Ordinairement suballongées ou ovoïdes, elles sont en général plus parallèles jusqu'aux deux tiers au moins chez les ♂, plus ou moins sensiblement élargies vers la moitié de leur longueur chez les ♀. Habituellement elles sont peu ou du moins peu fortement convexes, presque toujours creusées d'une fossette humérale prononcée ; rarement unies, ordinairement marquées, outre une strie rudimentaire juxta-suturale, de neuf autres stries, dont les quatrième et cinquième sont presque constamment les plus courtes, et dont les cinquième et sixième s'unissent le plus souvent sur la fossette humérale ; quelquefois glabres, elles sont d'autres fois garnies de poils dont la couleur sert à la distinction des espèces. Leur *repli*, dont l'étude est généralement trop négligée, présente parfois des caractères importants pour les distinctions génériques : ainsi, chez les Omophles, au lieu de se prolonger presque jusqu'à l'extrémité, il se réduit à une tranche à partir du niveau de la base du ventre ou peu près.

Le *dessous du corps* mérite une attention toute spéciale, et sa conformation est généralement étudiée ou signalée avec trop peu de soin.

Par suite de la tendance que montrent les hanches antérieures à quitter la forme globuleuse qu'elles avaient dans la Tribu précédente, le *prosternum* a, chez celle-ci, moins d'importance que chez beaucoup d'autres. Tantôt il sépare visiblement les hanches, tantôt il se montre comprimé ou s'efface, d'une manière variable, selon les espèces.

Le *médisternum*, toujours rétréci d'avant en arrière, est quelquefois cependant moins étroit ou à peine aussi étroit à son extrémité que le prosternum l'est entre les hanches de devant, lorsqu'il sert à les séparer.

Les *postépisternums* sont tantôt presque parallèles, tantôt rétrécis d'avant en arrière. Leur longueur varie avec celle du corps.

L'*épimère postérieure* est distincte.

Le *ventre* offre cinq arceaux apparents chez les uns, six chez les autres. La partie antéro-médiaire du premier arceau ventral s'avance toujours en pointe entre les pieds postérieurs. Le quatrième arceau n'offre pas cette brièveté dont il montre des exemples chez la plupart des Latigènes. Le dernier arceau fournit, chez la plupart des Omophliens, des caractères très-distinctifs des sexes et qui peuvent servir à séparer les ♂ de diverses espèces.

Les *pieds* parfois d'une longueur médiocre, sont ordinairement assez allongés.

Les *hanches antérieures* globuleuses chez une partie des Cistéliens, s'allongent en forme de cône chez la plupart des Omophliens ; dans ce dernier cas, elles compriment le prosternum, le réduisent souvent à une lame mince et peu visible, ou le forcent à s'atrophier entre elles.

Les *hanches intermédiaires* moins globuleuses que les antérieures, suivent ordinairement celles-ci dans leur allongement, mais en s'appuyant sur les parties pectorales, au lieu d'avoir une direction plus ou moins relevée.

Les *hanches postérieures* sont transversales ou faiblement obliques ; elles atteignent à leur côté externe le niveau du bord interne des postépisternums.

Les *cuisses* sont en général faiblement ou médiocrement renflées ; elles ne sont pas destinées, dans la flexion, à recevoir les jambes dans une rainure. Leur longueur varie. Chez les Podontes, les postérieures n'atteignent pas le bord postérieur du quatrième arceau ventral ; chez quelques Omophles, elles se prolongent presque jusqu'à l'extrémité du ventre.

Les *jambes*, généralement grêles, sont ordinairement droites; parfois cependant les antérieures sont arquées chez le ♂.

Les *tarses* sont habituellement filiformes ; cependant les antérieurs de quelques ♂ présentent une dilatation sensible, qui sert de caractère extérieur pour faire reconnaître ce sexe. Ordinairement les quatre tarses postérieurs sont garnis en dessous de poils spinosules, assez courts pour permettre à ces insectes de se fixer avec plus de facilité aux corps sur lesquels ils se posent: la longueur relative des pièces qui constituent les tarses varie ; ordinairement la première des postérieurs est au moins aussi grande que les deux suivantes réunies.

La *plantule* a peu de développement chez nos Pectinipèdes ; cependant elle fait parfois saillie et se montre terminée par quelques soies.

Les *ongles*, toujours pectinés, offrent non-seulement par cette disposition l'un des caractères les plus distinctifs de cette Tribu ; ils concourent encore à la faire diviser en deux familles. En général, tous ceux de la première, n'offrent guère que cinq ou six, rarement huit dents à chaque branche, aux pieds postérieurs : ceux de la seconde en ont ordinairement de neuf à douze.

VIE ÉVOLUTIVE.

Les Larves connues jusqu'à ce jour ont beaucoup d'analogie avec celles des Hétéromères Latigènes; elles servent à confirmer les rapprochements qui existent entre ces deux Tribus.

Leur corps est presque cylindrique, filiforme ; revêtu d'une enveloppe coriace; composé, outre la tête, de douze segments ; pourvu de six pieds. Elles ont la tête arrondie ou parfois ovalaire, convexe, offrant l'épistome ordinairement séparé du front par une ligne ou un sillon; le labre distinct; les mandibules peu ou point saillantes, cornées, habituellement bifides ou bidentées à l'extrémité ; les mâchoires à un seul lobe, cilié ou garni de poils spinosules à son côté interne; les palpes maxillaires de trois articles ; les palpes labiaux de deux; les antennes de quatre articles, un peu rétractiles : le dernier grêle et terminé par une soie ; le corps lisse; terminé par un segment ordinairement inerme; souvent pourvu en dessous d'appendices rétractiles servant à la progression ; les pieds assez courts et terminés par un ongle ; neuf paires de stigmates : la première, non loin des pieds de la seconde paire, près du bord antérieur du second anneau : les autres, sur les côtés des huit premiers segments abdominaux.

Ces Larves, comme celles des derniers Latigènes, semblent destinées à hâter la décrépitude de nos arbres soit altérés sur quelques points, soit déjà entrés dans leur vieillesse, ou à travailler à la disparition de leurs souches en voie de décomposition. Les unes se traînent sous les écorces, en s'enfonçant dans les parties maladives ou desséchées de nos végétaux ligneux; les autres se cachent dans les troncs caverneux ou dans leurs restes engagés dans le sol. Toutes minent, rongent ou pulvérisent les arbres de nos bois et de nos champs; elles coopèrent ainsi à ce travail de renouvellement continuel dont nous sommes les témoins, à l'aide duquel la Nature emploie les débris ou les éléments des corps organisés à la nutrition des plantes nouvelles dont elle pare la terre. Quand le terme de leur vie laborieuse est arrivé, elles se préparent à leur métamorphose en nymphe. A cet effet, quelques-unes se bornent à choisir ou à se creuser une retraite commode, dans laquelle elles puissent passer en paix les jours de sommeil et de repos; les autres, plus industrieuses, utilisent la vermoulure produite par elles, et à l'aide d'une matière visqueuse destinée à en agglutiner les parties, se construisent une coque lisse en dedans, raboteuse au dehors, dans laquelle elles pourront espérer de couler, à l'abri de toute atteinte, les moments de léthargie qui doivent précéder leur dernière transformation. Quand toutes leurs précautions sont prises, elles se dépouillent de leur enveloppe et passent à l'état de nymphe.

Celles qui nous sont connues offrent en général une grande analogie avec celles de quelques Ténébrionites. Outre les caractères communs à la plupart des larves de Coléoptères, d'avoir la tête inclinée, les palpes couchés sur la poitrine, les fourreaux des organes du vol déhiscents et infléchis à leur extrémité, les cuisses dirigées en dehors, les jambes rapprochées des cuisses, et les tarses étalés parallèlement à la ligne médiane, elles ont les côtés des six ou sept premiers segments de l'abdomen munis chacun d'un appendice en forme de tranche, et souvent garni de pointes ou de dentelures piligères; l'extrémité du ventre habituellement terminée par deux pointes divergentes. Ces divers appendices servent à favoriser les mouvements de la nymphe, quand elle veut quitter sa position habituelle, qui est d'être couchée sur le dos, ou lorsqu'est venu le moment de se dépouiller de sa dernière enveloppe.

MŒURS ET HABITUDES DES INSECTES PARFAITS.

Une fois parvenus à leur dernière forme, après avoir acquis, soit la consistance nécessaire à leur enveloppe tégumentaire, soit le complément de la couleur de leur robe, les Pectinipèdes quittent la retraite dans laquelle ils vivaient comme emprisonnés, pour jouir de leurs nouvelles conditions d'existence.

Plusieurs attachés encore aux lieux protecteurs de leur jeune âge, s'éloignent peu des arbres tutélaires qui les ont nourris. Durant le jour dont l'éclat les importune, ils leur demandent un asile sous leurs écorces mi-desséchées ou dans les fissures de leurs troncs caverneux, et quand la lumière commence à faire place aux ténèbres ils cachent sous les ombres du crépuscule ou de la nuit les derniers actes de leur vie mystérieuse et obscure. La robe de ces espèces lucifuges offre, en général, des teintes fuligineuses ou foncées, en harmonie avec leurs habitudes; quelquefois cependant elle est parée de taches jaunâtres, mais ordinairement terreuses ou peu remarquables par leur vivacité.

Les autres, sans avoir des couleurs bien brillantes, ont ordinairement une livrée moins triste; là, ce sont des poils soyeux et luisants chargés de donner un certain éclat à une cuirasse fauve ou enfumée; ici, ce sont des étuis qui se rapprochent du ton de certaines écorces; ailleurs, ce sont diverses parties du corps ou le corps lui-même tout entier, qui semblent revêtus d'une enveloppe soufrée.

Toutes ces espèces diurnes se plaisent à demander aux fleurs des aliments moins grossiers que ceux dont elles se contentaient dans leur jeune âge. Celles de petite taille viennent souvent butiner sur les pruneliers ou autres arbustes de nos haies; les autres, dédaignent les corolles brillantes des plantes herbacées de nos champs, pour celles beaucoup plus modestes de nos arbres élevés; plusieurs vont chercher dans les nectaires des tilleuls les sucs emmiellés qu'ils sécrètent; le plus grand nombre s'adresse à des fleurs plus humbles encore; sous un beau soleil, il n'est pas rare de voir leur essaim folâtre s'agiter en bourdonnant autour des cônes des pins, des chatons des chênes ou de divers autres végétaux amentacés. Si parfois alors un vent violent vient à s'élever, il refoule dans quelques circonstances ces insectes sur le gazon, qu'ils couvrent pendant quelques heures de leur immense multitude.

Toutes les familles de nos Pectinipèdes sont représentées dans les diverses parties de la France; certaines espèces cependant ne se plaisent qu'aux splendeurs de notre ciel du midi.

Le plus grand nombre de ces Coléoptères apparaissent à la suite des vents attiédis qu'appellent les mois d'avril ou de mai. La plupart, modestes courtisans des fleurs, ne tardent pas à disparaître comme elles, après s'être abreuvés pendant peu de temps dans leur coupe embaumée; mais avant d'achever leur course, mystérieux instruments de la Providence, ils ont le soin d'assurer le sort de leurs descendants, chargés comme eux d'exercer sur les végétaux cette action souvent cachée, mais toujours plus ou moins importante, destinée à maintenir sur la terre cette harmonie admirable qui suffit pour nous révéler la sagesse et la bonté de Dieu.

HISTORIQUE.

Il nous reste à exposer les mutations successives qui ont fait passer, d'un genre dans un autre, les espèces diverses qui composent aujourd'hui notre Tribu des PECTINIPÈDES.

1761. Linné fit entrer celles connues de son temps, dans son genre *Chrysomela*; elles y composèrent presque exclusivement la cinquième division établie dans sa douzième édition du *Systema Naturae*, ou celle des Chrysomèles à corps allongé. Cet exemple fut suivi par Schrank, et par les autres écrivains qui jusqu'à De Villers et à Brahm, marchèrent sans s'écarter, sur les pas de cet illustre père de la science.

1762. Geoffroy, pour être fidèle à la méthode tarsienne dont il est l'inventeur, dut transporter dans le quatrième ordre des Coléoptères le peu de Pectinipèdes connus de lui, et il les répartit dans ses genres *Tenebrio* et *Mordella*.

1763. Scopoli, dans son *Entomologia carniolica*, dispersa ces insectes parmi ses *Tenebrio* et ses *Cantharis*.

1775. De Géer, dans le cinquième volume de ses *Mémoires*, les colloqua avec ses *Pyrochres*.

1775. Fabricius, dans son *Systema entomologiæ*, saisissant une partie des rapports qui lient entre eux ces insectes, les réunit avec quelques espèces étrangères à cette Tribu [1], dans une coupe nouvelle sous le nom de *Cistela*; quelques-uns de nos Pectinipèdes cependant durent rester pendant longtemps encore égarés avec les Helops.

1801 Le même auteur, dans son *Systema eleutheratorum*, détacha de ses Cistèles, quelques espèces, pour constituer son genre *Allecula*, formé d'éléments peu harmoniques. Dès l'an 1791, Olivier, dans le t. 6 de l'Encyclopédie méthodique, avait rangé les Cistèles parmi les insectes ayant cinq articles aux quatre tarses antérieurs, et quatre

---

[1] Les genres *Dascilus*, LATR. et *Cyphon*, PAYK.

articles seulement aux postérieurs, en maintenant par erreur dans ce genre quelques-unes des espèces de Fabricius, qui devaient en être élaguées.

L'an VIII, M. Duméril, dans son tableau de *classification des insectes*, annexé au premier volume des *Leçons d'anatomie comparée* de G. Cuvier, adoptant, comme Olivier, la méthode tarsienne de Geoffroy, avait placé les Cistèles parmi ses *Vésicants*, c'est-à-dire parmi ses Coléoptères ayant les articles des tarses en nombre inégal, et les élytres flexibles. Quelques années plus tard, dans sa *Zoologie analytique* (1806), ces insectes prirent rang dans sa famille des *Ornéphiles*.

Latreille, dans son *Précis* (1796 — 1797) avait placé les Cistèles dans sa 10me famille.

Dans son *Histoire naturelle des crustacés et des insectes* (1804), ils firent partie de sa tribu des *Versicolors*, et composèrent avec les OEdémères, les Rhinomacres et les Rhinosimes, sa famille des *Cistélénies*. Il n'apporta aucun changement à cet ordre dans le t. 2 de son *Genera*. En 1810, mieux inspiré, dans ses *Considérations générales*, il éloignait ses Cistèles des insectes auxquels il les avait associés, mais pour les confondre dans son groupe trop nombreux des *Ténébrionites*.

1810. Jusqu'alors, aucun écrivain n'avait augmenté, pour nos Pectinipèdes, le petit nombre des coupes établies par Fabricius, lorsque Gyllenhal, dans le 2me volume de ses *Insecta suecica*, détacha sous le nom de *Mycetophila*, diverses espèces jusqu'alors associées aux Cistèles.

1817. Latreille, dans le t. 3 du *Règne animal* de Cuvier, et dans le t. 10 du *Nouveau dictionnaire d'Histoire naturelle*, remania plus heureusement les familles établies par lui précédemment, parmi les Coléoptères Hétéromères, et fit entrer les Cistèles dans la première division de ses *Sténélytres*.

1821. Le catalogue de Dahl signala, sous le nom d'*Omophlus*, une coupe générique nouvelle, indiquée par Megerle, aux dépens des Cistèles.

1825. Latreille, dans ses *Familles naturelles*, saisit enfin les liaisons intimes qui unissent tous nos Pectinipèdes, et il en constitua sa tribu des *Cistélides*, comprise dans la famille des *Sténélytres*, la troisième de la division des Hétéromères. Il ne changea rien à ces dispositions dans la seconde édition du *Règne animal* (1829).

1832. Stephens, dans ses *illustrations*, créa le genre *Eryx*, à l'aide d'une espèce de Cistélien généralement confondue jusqu'alors avec les Helops et qu'il laissait encore avec les Hélopiens.

1834. Tel était l'état de la science relativement aux insectes qui nous occupent, lorsque Solier, dans le t. 3 des Annales de la société entomologique de France, fit paraître un *Essai d'une division des Coléoptères hétéromères.* Dans ce travail, qui était un véritable progrès de la science par la manière plus naturelle dont ces insectes étaient répartis, nos Pectinipèdes, comme nous l'avons dit dans l'introduction à nos *Latigènes*, composèrent la deuxième division des Hétéromères et la quatrième famille de ces Coléoptères.

La même année (1) il présenta également à la Société entomologique de France le *Prodrome de la famille des Xystropides,* (2) nom nouveau par lequel il désignait sa famille des *Cistélides* ; mais ce travail ne parut que l'année suivante, dans le t. 4 (3) des Annales de cette savante compagnie. En voici les tableaux synoptiques, réduits aux genres auxquels se rattachent les espèces européennes connues aujourd'hui.

PREMIÈRE TRIBU. — *Cistélites.*

Mandibules bifides à leur extrémité. Hanches antérieures, dans presque tous, suborbiculaires et point saillantes au delà de la partie du prosternum qui les sépare, laquelle est presque toujours assez notable. Palpes maxillaires grossissant notablement vers leur extrémité, à dernier article fortement sécuriforme ou fortement cultriforme.

1re Section. Pénultième article des tarses ayant en dessous, au moins aux antérieurs, une pelote membraneuse plus ou moins prolongée sous le dernier.

GENRES.

α Yeux convergeant, d'une manière notable, à la partie supérieure de la tête et antérieurement (insectes exotiques).

αα Yeux ne convergeant pas antérieurement en dessus (4).

β Dernier article des palpes maxillaires notable-

---

(1) Séance du 3 septembre 1834.

(2) Ξύστρον, étrille ; ποῦς —οδος, pied.

(3) P. 229 et suiv.

(4) Solier, qui s'est généralement peu occupé des différences sexuelles, paraît n'avoir pas remarqué celles qu'offrent, sous le rapport du rapprochement de ces organes, les ♂ et les ♀, chez les *Allecula* et divers autres genres de cette Tribu.

ment transverse et tronqué carrément au bout. . . . . *Allecula.*

β β Dernier article des palpes maxillaires pas notablement transverse, tronqué obliquement et cultriforme . . . . *Prionychus*(1).

2e Section. Penultième article des tarses sans pelote membraneuse sensible.

γ Dernier article des palpes maxillaires tronqué carrément au bout, sécuriforme et non cultriforme.

Partie du présternum située entre les hanches très comprimée. Antennes subfiliformes. . . . . *Mycetochares.*

γ γ Dernier article des palpes maxillaires tronqué obliquement au bout, et notablement cultriforme. Antennes très-minces, diminuant un peu de grosseur à l'extrémité. *Cistela.*

Deuxième tribu. *Cténiopites.*

Palpes maxillaires terminés par un article à peine plus gros que le précédent et légèrement sécuriforme ou légèrement cultriforme. Mandibules entières à l'extrémité. Hanches antérieures presque toujours contiguës et saillantes en delà du présternum, qui est très-comprimé dans la partie qu'elles renferment.

δ. Dernier article des palpes maxillaires sensiblement plus large que le précédent, et sécuriforme allongé, ou étroit et tronqué très-obliquement et cultriforme allongé.

ε. Palpes maxillaires à dernier article assez sensiblement sécuriforme et légèrement tronqué obliquement au bout. Antennes grossissant un peu vers l'extrémité. *Omophlus.*

---

(1) Coupe établie antérieurement par Stephens sous le nom d'*Eryx*.

ıı. Dernier article des palpes maxillaires à peine plus large que le précédent, mais tronqué très-obliquement et cultriforme très-allongé. Antennes très-minces et filiformes. *Cteniopus.*

ßß. Dernier article des quatre palpes à peine plus gros ou plus étroit que le pénultième et tronqué carrément. *Megischia.*

Ce dernier genre fut lui-même partagé en deux divisions :

1° Présternum faisant en arrière des hanches antérieures une saillie notable, en forme de crête mince (*Megischia* proprement dit).
(type : *Cistela curvipes*, DEJ.)

2° Présternum sans saillie en forme de crête à sa partie postérieure (*Podonta*).

1re *Subdivision.* Antennes grossissant un peu vers leur extrémité, plus longues que la tête et le prothorax réunis.
(types : *Cist. picicornis*, *ruficollis*, *nigrita*, AMT.)

2e *Subdivision.* Antennes courtes, grossissant d'une manière notable vers l'extrémité.
(types : *M. hæmorrhoidalis* — *M. erythrocephala*, SOL.)

Solier, dans ce prodrome, cherchait à assigner des caractères au genre *Omophlus*, que les catalogues de Dahl et de Dejean avaient seuls jusqu'alors indiqué aux collecteurs ; il créait en même temps les genres *Cteniopus* et *Megischia ;* mais trop exclusivement attaché aux caractères tirés des parties de la bouche, et surtout aux variations presque insensibles que le dernier article des palpes présente dans sa forme, il a rendu ses coupes génériques peu faciles à reconnaître ; il a attaché aussi à la saillie du prosternum une importance que cette pièce n'a pas dans cette Tribu ; par suite, il a donné à son genre *Mycetochares* des bases inadmissibles (1), et a séparé à tort, des *Omophlus*, sous le nom générique de *Megischia*, l'espèce désignée par M. Brullé sous le nom de *curvipes*.

---

(1) Dans quelques espèces, comme l'a très-bien fait remarquer M. L. Redtenbacher, le prosternum sépare très-visiblement les hanches ; dans d'autres au contraire il est caché par elles.

1845. L'exemple de Solier, cherchant des caractères génériques dans le prosternum, a entraîné M. L. Redtenbacher dans une fausse voie, et lui a fait indiquer des bases incertaines pour le genre *Ctenio-pus* [1].

Ce savant au reste, ainsi que l'ombre amie de Solier, ne verront, nous l'espérons, aucun motif de blâme dans ces observations. Elles sont moins écrites dans l'esprit de critiquer leurs travaux, que pour indiquer combien sont en général difficiles à tracer d'une manière naturelle et d'après des caractères constants, les genres de cette Tribu.

Peut-être n'aurons-nous pas été nous-même plus heureux dans les divisions que nous proposons, et dans les coupes nouvelles que nous avons été forcé d'établir.

Nous partagerons nos Pectinipèdes en deux familles :

		Familles.
Ventre	généralement de cinq arceaux. Mandibules bifides à l'extrémité. Palpes maxillaires à dernier article notablement plus gros que le troisième. Ongles munis à chacune de leurs branches de cinq ou six, rarement de huit dents.	*Cistéliens.*
	généralement de six arceaux apparents. Mandibules à extrémité entière. Palpes maxillaires à dernier article faiblement plus gros que le précédent. Ongles offrant habituellement neuf à douze dents à chacune de leurs branches.	*Omophliens.*

PREMIÈRE FAMILLE.

LES CISTÉLIENS.

Caractères. *Ventre* généralement de cinq arceaux [2]. *Mandibules* bifides à l'extrémité. *Yeux* sensiblement ou notablement échancrés. *Palpes*

---

[1] Dans les *C. altaica* et *lutea* le prosternum sépare visiblement les hanches, tandis qu'il est comprimé et souvent peu ou point visible dans les *C. sulphurea* et *sulphuripes*.

[2] Parfois, chez certains ♂, on voit apparaître accidentellement une partie d'un sixième arceau ; mais celle-ci par sa teinte plus pâle, par sa consistance moins solide, par sa surface lisse, indique sufisamment qu'elle doit être ordinairement cachée dans l'état naturel.

maxillaires à dernier article triangulaire ou cultriforme, notablement plus gros que le troisième. *Antennes* insérées dans une échancrure des yeux ou au-devant de celle-ci, et ordinairement moins avant que la partie la plus avancée de ces organes. *Ongles* munis, à chacune de leurs branches, de cinq ou six, rarement de huit dents.

Ils peuvent être partagés en deux branches :

		BRANCHES.
Antennes	épaisses; ordinairement garnies de poils un peu rigides; à septième article à peine deux fois aussi long qu'il est large dans son diamètre transversal le plus grand; à troisième article plus long que le quatrième ou au moins aussi long que lui. Mésosternum généralement un peu moins étroit à son extrémité que le prosternum entre les hanches. *Corps* oblong ou suballongé; à peine arqué, presque plan longitudinalement sur la moitié antérieure des élytres.	*Mycetocharaires.*
	grêles; ordinairement presque glabres ou peu pubescentes; à septième article deux fois au moins aussi long qu'il est large dans son diamètre transversal le plus grand; à troisième article souvent plus court que le quatrième. Hanches antérieures subglobuleuses, toujours complètement séparées par un prosternum peu ou point comprimé. *Corps* arqué longitudinalement.	*Cistélaires.*

PREMIÈRE BRANCHE.

LES MYCÉTOCHARAIRES.

CARACTÈRES. *Antennes* prolongées à peu près jusqu'aux trois septièmes ou un peu moins, de la longueur du corps, généralement un peu plus courtes chez les ♀ que chez les ♂; épaisses et d'une manière graduellement un peu plus sensible vers le milieu; de onze articles, garnis de poils un peu rigides : le premier et surtout le deuxième, courts; le troisième, un peu plus grand ou à peu près aussi grand que le quatrième; le septième, moins de deux fois aussi long ou rarement à peine deux fois aussi long qu'il est large dans son diamètre transversal le plus grand; les cinquième à dixième, obconiques ou d'une forme rapprochée : le dernier, ovalaire. *Tête* plus large que longue. *Mésosternum* généralement moins étroit à son extrémité que le prosternum entre les hanches, quand il est apparent. *Corps* oblong ou suballongé ; à peine arqué, presque plan longitudinalement sur la moitié antérieure des élytres.

A ces caractères généraux, on peut ajouter pour les espèces ci-après décrites :

Tête rétrécie après les yeux ; à suture frontale transverse ou faiblement arquée en arrière ; rayée d'un sillon. *Mandibules* bifides à l'extrémité. *Mâchoires* à deux lobes : l'interne étroit, plus court, hérissé de poils peu épais : l'externe cilié à son extrémité et ordinairement garni d'un petit crochet presque corné. *Yeux* gros, situés sur les côtés de la tête ; échancrés ; séparés l'un de l'autre par un espace plus considérable chez la ♀ que chez le ♂, ordinairement le double, chez ce dernier, du diamètre transversal de l'un d'eux. *Prothorax* sensiblement plus large que la tête, dans son diamètre transversal le plus grand ; notablement plus large que long ; tronqué en devant, arrondi aux angles antérieurs ; presque tronqué à la base, ou plutôt, tronqué sur la partie médiaire de celle-ci, et plus ou moins faiblement sinué de chaque côté de cette troncature, de manière à rendre les angles postérieurs parfois subacuminés. *Ecusson* très-apparent. *Elytres* un peu plus larges en devant que le prothorax à ses angles postérieurs ; de forme et de longueur souvent sensiblement différentes chez le ♂ et la ♀ ; en ogive ou subarrondies à l'extrémité ; à neuf stries plus ou moins marquées, outre une strie juxta-suturale rudimentaire, prolongée ordinairement jusqu'au cinquième de la longueur : les cinquième et sixième stries plus courtes et encloses postérieurement par les autres ; creusées d'une fossette humérale sur les cinquième et sixième stries, qui se réunissent à leur extrémité antérieure. *Repli* prolongé jusqu'aux neuf dixièmes environ, postérieurement réduit à une tranche. *Dessous du corps* marqué de points plus ou moins serrés, sur les côtés de l'antépectus ; plus serrés sur les postépisternums que sur les autres parties pectorales, plus petits et plus légers sur le ventre. *Postépisternums* subparallèles, quatre ou cinq fois aussi longs qu'ils sont larges. *Hanches antérieures* subglobuleuses ou un peu en cône obtus ; comprimant le prosternum, séparées ou non par lui. *Pieds* peu ou médiocrement allongés. *Cuisses* faiblement renflées. *Jambes* grêles. *Tarses* filiformes : le premier article des tarses postérieurs plus long que les deux suivants réunis, ou presque aussi long que les trois derniers pris ensemble.

Ces insectes se répartissent dans les deux genres suivants :

Avant dernier article des tarses		GENRES.
	dépourvu d'une sole membraneuse s'avançant sous l'article suivant. Ecusson en triangle ou presque en demi-cercle.	*Mycetochares*.
	pourvu d'une sole membraneuse s'avançant sous l'article suivant. Ecusson presque en pentagone inéquilatéral.	*Hymenorus*.

Genre *Mycetochares*, MYCÉTOCHARE, LATREILLE (1).

(μύκης-τος, champignon, χαίρω, j'aime.)

CARACTÈRES. *Avant dernier article des tarses postérieurs* dépourvu d'une sole membraneuse, s'avançant sous l'article suivant. *Ecusson* en triangle ou presque en demi-cercle. *Premier article des tarses postérieurs* moins long que les trois suivants réunis.

Obs. Les antennes sont généralement prolongées jusqu'aux deux cinquièmes (♀) ou aux trois cinquièmes (♂) de la longueur du corps, et garnies de poils un peu rigides. Les hanches de devant sont tantôt séparées par le prosternum, tantôt contiguës.

A. Hanches de devant visiblement et complètement séparées par le prosternum.

B. Elytres sans taches.

1. **M. barbata**; LATREILLE. *Suballongé ; d'un noir luisant ; hérissé en dessus de poils obscurs, mi-couchés : bouche, dernier et trois premiers articles au moins des antennes et pieds, d'un roux flave. Prothorax noté d'une fossette obliquement transverse au devant de chaque quart externe de sa base. Etytres une fois ou près d'une fois plus longues que larges dans leur milieu ; ruguleusement ponctuées ; à stries ponctuées et subcrénelées, plus légères sur la moitié externe, obsolètes à l'extrémité. Hanches antérieures séparées par le prosternum : celui-ci ordinairement fauve et rebordé.*

♂ Corps allongé, presque parallèle. Prothorax presque parallèle dans

(1) LATREILLE, Familles naturelles p. 379. Ce genre avait été créé par Gyllenhal (Insect. suec. t. 2 p. 541) sous le nom de *Mycetophila*, déjà employé pour désigner une coupe d'Insectes Diptères.

sa seconde moitié; à angles postérieurs rectangulairement ouverts; déprimé ou sillonné sur la moitié ou les deux tiers postérieurs de sa ligne médiane. Elytres presque parallèles jusqu'aux deux tiers, plus d'une fois plus longues qu'elles sont larges dans leur milieu. Dernier arceau du ventre obtus. Pieds et autres parties d'un roux flave, d'une teinte ordinairement plus claire que chez la ♀.

♀ Corps suballongé. Prothorax sensiblement élargi en ligne courbe vers le milieu de ses côtés et rétréci ensuite en ligne presque droite; à angles postérieurs un peu plus ouverts que l'angle droit; en général un peu plus convexe et peu sensiblement sillonné ou déprimé sur la moitié postérieure de sa ligne médiane. Elytres moins parallèles jusqu'aux deux tiers, un peu plus larges dans leur milieu; de trois quarts au moins plus longues qu'elles sont larges à celui-ci. Dernier arceau du ventre en ogive.

Cistela linearis, Illig. Beschreib. etc. *In* Schneider's N. Magaz. 5 cah. (1794) p. 607. 13 ? — Panzer, Faun. Germ. 25, 16. (♂). — *Id.* Ent. Germ. p. 186. 17 (♂). — *Id.* Index p. 135. 9 (♂ ♀). — Schonh. Sys. ins. t. 2. p. 336. (♂) ?
Cistela flavipes, Oliv. Entom. t. 3. n° 54. p. 19-20 pl. f. 2. a b ? — Tigny, Hist. nat. t. 7. p. 174 ?
Cistela brevis, Panz. Faun. Germ. 25. 17 (♀). — *Id.* Ent. Germ. p. 186. 18 (♀).
Helops barbatus, Latr. Hist. nat. t. 10. p. 348. 7. — *Id.* Gen. t. 2. p. 189, 4.
Mycetophila linearis, Gyllenh. Ins. suec. t. 2 p. 544 (♂). — Voy. *id.* t. 4 p. 510.
Mycetophila brevis, Gyllenh. Ins. suec. t. 2. p. 543. ♀ ?
Mycetophila barbata, (Dejean) catal. (1821) p. 71.
Mycetochares barbata, (Dejean) catal. (1833) p. 213. — *Id.* (1837) p. 225. — de Castelnau, Hist. nat t. 2. p. 244. — L. Dufour, Excurs. entom. p. 70. 418.
Mycetochares linearis, Kuster, Kaef. Europ. 24 95.

Variations de couleur.

Observ. Le corps est ordinairement noir, à l'exception des parties indiquées de couleur flave; mais la teinte varie suivant le développement de la matière colorante. Le ventre, surtout dans sa partie antérieure, et les antennes, sont les premières à montrer l'affaiblissement de la teinte. Le ventre se montre alors d'un brun fauve et d'un fauve brunâtre, et les antennes sont parfois entièrement d'un flave roussâtre ou d'un roux flave.

Il faut rapporter à de telles variations :

L'*Helops picipes*, Panzer, Faun. Germ. 24. 4 (♀). — *Id.* Ent. ger. p. 44. 12. voyez Panzer, Index p. 135. 9.

Le dessus du corps montre moins facilement de l'altération dans sa couleur que le ventre et les antennes.

Long. 0,0056 à 0,0081 (2 1/2 à 3 5/8 l). — Larg. 0,0015 à 0,0022 (2/3 à 1 l.) ♂ — 0,0021 à 0,0033 (1 à 1 1/2 l.) ♀.

Corps allongé (♂) ou suballongé (♀); ordinairement d'un noir luisant, parfois d'une teinte moins obscure, surtout sur le ventre; hérissé en dessus de poils obscurs mi-couchés. *Tête* marquée de points, peu épais sur le front, plus serrés sur l'épistome : bord antérieur de celui-ci, labre et autres parties de la bouche, d'un flave testacé (♂) ou d'un flave roux (♀). *Antennes* ordinairement noires, avec les trois premiers articles et souvent une partie du quatrième d'un flave roussâtre ou testacé, ou d'un roux flave, et le dernier ou même les deux derniers d'un roux quelquefois plus ou moins nébuleux, offrant souvent les articles cinquième à dixième d'un brun plus ou moins foncé ou plus ou moins pâle. *Prothorax* à peu près parallèle depuis la moitié de sa longueur jusqu'à sa base (♂), ou arqué sur les côtés et rétréci à partir de la moitié de ceux-ci jusqu'aux angles postérieurs (♀); à peine rebordé à la base, sans rebord sur les côtés; de deux tiers ou des trois quarts plus large à sa base qu'il est long sur son milieu; à angles postérieurs assez vifs, peu (♂) ou médiocrement (♀) convexe; noir; marqué de points peu serrés, légèrement râpeux, donnant chacun naissance à un poil noir mi-couché; déprimé ou creusé, sur la ligne médiane, d'une fossette couvrant la moitié ou les deux tiers postérieurs de sa longueur (♂), ou offrant à peine des traces de cette dépression (♀); marqué, au devant de chaque sinuosité basilaire, d'une fossette plus ou moins prononcée, obliquement transverse et ordinairement plus longue que large. *Ecusson* en triangle plus ou moins élargi, à côtés droits et obtus à son extrémité; ponctué d'une manière ruguleuse ou râpeuse. *Elytres* à peine élargies ou presque parallèles jusqu'aux deux tiers, et plus d'une fois plus longues qu'elles sont larges prises ensemble (♂), ou moins parallèles jusqu'aux deux tiers, assez faiblement élargies vers le milieu de leur longueur, en ogive postérieurement, à partir des deux tiers; de trois quarts plus longues qu'elles sont larges vers leur moitié (♀); peu (♂) ou médiocrement (♀) convexes; à stries marquées de points plus gros que ceux des intervalles et subcrénelées par ces points : ces stries plus légères sur la moitié externe, oblitérées à l'extrémité; les quatrième et cinquième ordinairement oblitérées ou peu distinctement unies à leur extrémité; noires, sans taches. *Intervalles* presque plans, marqués de points ruguleux ou râpeux, donnant chacun naissance à un poil noir, mi-couché. *Dessous du corps* noir, souvent brun (♀), ou d'un brun roux ou roussâtre (♂) sur le ventre ; peu pubescent. *Hanches antérieures* visiblement et complètement séparées par un prosternum un peu moins étroit que le mésosternum, ordinairement d'un roux fauve et muni de chaque côté d'un rebord étroit. *Pieds* entièrement flaves ou d'un flave roussâtre (♂), ou d'un roux testacé (♀), quelquefois en partie d'un roux nébuleux sur les cuisses, principalement chez la ♀.

Cette espèce se trouve sur les chênes, les saules, les tilleuls, les marronniers d'Inde et diverses autres espèces d'arbres. Elle n'est pas rare au printemps dans les environs de Lyon.

Obs. La synonymie de cette espèce est assez difficile à établir, par suite de la briéveté et surtout de l'état incomplet des descriptions des auteurs. Aucun d'eux, jusqu'à M. Redtenbacher, n'a mentionné le caractère fort important fourni par le prosternum, qui tantôt, chez certaines espèces de ce genre, sépare visiblement les hanches de devant, tantôt devient invisible ou à peu près et permet aux hanches d'être contiguës.

Faut-il rapporter, à notre *M. barbata*, la *Cistela linearis* d'Illiger et de Panzer? Pour celle de ce dernier auteur, les figures données dans la Fauna Germanica laissent peu de doute à cet égard. Quant à Illiger, la description de sa *C. linearis* concorde assez bien avec celle de notre *M. barbata*, pour faire supposer qu'elle doive y être rapportée : les expressions *antennarum basi et apice, ore pedibusque fulvis* lui conviennent parfaitement. Nous ne voyons pas pourquoi M. L. Redtenbacher a cru voir la *C. linearis* du professeur de Berlin dans une autre espèce décrite par lui et différant de notre *M. barbata*, non-seulement par ses hanches antérieures contiguës, mais encore par ses antennes d'un brun testacé ou d'un testacé brun, plus obscures dans le milieu. Cette espèce dont nous avons reçu un exemplaire de M. le Dr Hampe, et dont nous donnerons plus loin une courte description, nous semble une espèce différente de la *C. linearis* d'Illiger, et nous l'appellerons du nom de *fuscicornis* pour éviter toute erreur.

Panzer dans son Index (p. 135-9) a reconnu avoir décrit la ♀ de sa *Cistela linearis*, sous le nom de *Cistela brevis* ; l'inspection seule de la figure de cette dernière suffirait pour ne laisser aucun doute à cet égard.

La *Cistela brevis* d'Illiger est-elle la ♀ de sa *Cistela linearis*, qui paraît être notre *barbata*? il est peut-être permis de le supposer d'après l'habitat : toutes deux sont indiquées comme se trouvant dans les environs de Brunswick.

Quant au *M. brevis* de Gyllenhal, à en juger d'après deux exemplaires envoyés de Suède à notre ami M. Perroud, peut-être constitue-t-elle une espèce particulière ; elle semblerait se distinguer du *M. barbata* par son corps plus convexe ; par son prothorax plus arrondi sur les côtés, légèrement sinué au devant des angles postérieurs qui, par là, sont rectangulairement ouverts ; par ses élytres ovalaires, proportionnellement plus larges, de moitié à peine plus longues qu'elles sont larges dans leur milieu, rétrécies en ligne à peu près régulièrement courbe depuis la moitié de leur longueur. Dans notre *M. barbata* ♀. les élytres sont ordinairement près d'une fois plus longues qu'elles sont larges dans leur milieu ; plus sensiblement rétrécies depuis les deux tiers de leur longueur jusqu'à l'extrémité, que depuis la moitié jusqu'aux deux tiers ; mais ces observations faites sur deux individus seulement et sur un seul sexe ne peuvent avoir qu'une assez faible importance. Il faut laisser aux entomologistes du nord le soin d'éclaircir complètement cette question.

Notre *M. barbata*, comme les deux individus venus de Suède sous le nom de *brevis*, ont le dessus du corps hérissé de poils mi-couchés ou mi-relevés, obscurs ou noirs quand l'insecte est examiné horizontalement ; mais quand on regarde les élytres perpendiculairement en dessus, elles paraissent offrir des poils couchés et cendrés ou d'un cendré grisâtre.

Panzer a évidemment fait erreur en donnant dans son Index sa *Cistela fusca* comme une ♀ de sa *Cistela linearis*: la figure 19 du 25e cahier de la *Fauna Germanica* laisse sans peine reconnaître notre *Hymenalia*.

La larve du *M. barbu* vit dans les écorces des saules, des chênes et de diverses autres espèces d'arbres. En voici la description :

Larve allongée, semi-cylindrique ; composée, outre la tête, de douze segments. *Tête* plus longue que large; ovalaire; d'un roux livide; marquée d'une ligne blanchâtre, naissant de la partie postérieure, bifurquée dans sa moitié antérieure. *Labre* obscur ; semi-circulaire ; cilié. *Mandibules* subcornées ; courtes ; très-arquées ; terminées en pointe ; munies, après celle-ci, d'une dent au côté interne. *Mâchoires* submembraneuses ; elliptiques ; ciliées ; appendicées. *Palpes maxillaires* presque coniques ; paraissant formés de quatre articles. *Palpes labiaux* de deux articles ; portés par une languette courte. *Menton* allongé. *Antennes* presques coniques ; plus avancées que la partie antérieure de la tête ; blanchâtres ; de quatre articles : le premier un peu rétractile, court : le deuxième cylindrique, moins long que le troisième : celui-ci un peu renflé : le dernier conique, grêle, court, terminé par une ou deux soies. *Corps* d'un flave ou d'un jaune livide ; presque glabre, hérissé de poils fins et très-clair-semés ; de douze segments ; le prothoracique le plus grand, au moins aussi long que large : les deuxième et troisième les plus courts; le dernier conique, subcorné et presque plat à son extrémité : celle-ci munie de deux petites pointes. *Pieds* disposés par paires sous chacun des trois premiers segments ; hérissés de quelques poils ; terminés par un ongle. *Stigmates* disposés par paires : la première sur la partie latérale inférieure du mésothorax voisine du bord du segment précédent : les autres, sur les côtés des anneaux quatrième à dixième.

Cette larve creuse dans le bois des galeries qui s'allongent à mesure qu'elle ronge la matière végétale. Arrivée au terme de sa vie vermiforme, elle se pratique une retraite pour s'y tranformer en nymphe.

Nymphe allongée ; rétrécie postérieurement. *Tête* inclinée ; subarrondie en devant. *Antennes* insérées au devant des yeux ; couchés d'abord longitudinalement sur les côtés du corps, puis sur les côtés de la poitrine, vers leur extrémité. *Palpes* débordant la partie antérieure de la tête. *Prothorax* plus large que long ; à peine échancré en arc en devant, avec les angles antérieurs un peu saillants. *Abdomen* de huit segments apparents ; muni sur les côtés des six premiers d'un appendice en forme de tranche garnie de petites pointes : septième segment muni d'une tranche latérale plus petite, triangulaire ; dernier segment conique, muni de deux petites pointes divergentes, subcornées, rougeâtres. *Elytres* et *ailes* lancéolées, divergentes, couchées en dessous ; recouvertes par les premiers pieds et voilant les postérieurs. *Cuisses* transversalement ou un peu obliquement dirigées ; avec les jambes mi-repliées et formant avec elles un angle aigu. *Tarses* dirigés parallèlement à la ligne médiane ; les postérieurs prolongés jusqu'au sixième arceau.

L'insecte reste environ trois semaines sous la forme de nymphe ; il passe ordinairement à son dernier état vers la fin d'avril ou au commencement de mai.

BB. Elytres ornées chacune d'une ou de plusieurs taches.

C. Elytres ornées chacune d'une tache humérale.

2. **M. bipustulata** ; ILLIGER. *Suballongé (♂) ou oblong (♀) ; d'un noir luisant ; hérissé en dessus de poils noirs mi-couchés : bouche, base des antennes, jambes et tarses d'un flave testacé. Prothorax creusé*

d'une fossette obliquement transverse, naissant vers chaque quart externe de sa base. Elytres ruguleusement ponctuées; à stries ponctuées et subcrénelées, affaiblies vers l'extrémité; parées chacune d'une tache humérale oblique d'un jaune orangé. Hanches antérieures séparées par le prosternum.

♂ Corps suballongé, presque parallèle. Prothorax presque parallèle dans sa seconde moitié; déprimé ou marqué d'un sillon assez léger et raccourci en devant, sur sa ligne médiane. Elytres presque parallèles jusqu'aux deux tiers; une fois au moins plus longues qu'elles sont larges prises ensemble; parties claires ordinairement flaves ou d'un flave jaune ou roussâtre.

♀ Corps oblong, ovalaire. Prothorax arrondi vers le milieu de ses côtés et rétréci à partir de ce point d'une manière presque droite ou à peine sinuée; n'offrant ordinairement que des traces plus ou moins faibles d'une dépression sur la ligne médiane. Elytres graduellement élargies vers la moitié de leur longueur, rétrécies ensuite; de moitié plus longues qu'elles sont larges vers leur moitié. Bouche, base des antennes, jambes et tarses ordinairement roux ou d'un roux flave. Tache des élytres d'un jaune orangé.

Cistela humeralis. FAB. Mant. t. 1. p. 85. 14 ?— *Id.* Ent. syst. t. 1. 2 p. 45. 21 ? — *Id.* Syst. El. t. 2 p. 19. 18 ? — PANZ. Ent. germ. p. 185 15. — *Id.* Faun. germ. 25 14. (♂).

Cistela bipustulata, ILLIGER, in SCHNEIDER's N. Magaz. p. 606. 12 (♀) — PANZ. Entom. germ. p. 185. 16. (♀). — *Id.* Faun. germ 25. 15 (♀). — PAYK. Faun suec. t. 2 p. 124. 5. — SCHONH. Syn. ins. t. 2. p. 336. 20 (♀).

Mycetophila bipustulata, GYLLENH. Ins. suec. t. 2. p. 544. 4 (♀). — (DEJEAN), Catal (1821) p. 71.

Mycetophila scapularis, GYLLENH. Ins. suec t. 2 p. 545. 5. (♂).

Mycetocharus scapularis, STEPH. Illust. t. 5. p. 28. 1.—*Id.* Man. p. 327. 2566.

Mycetochares bipustulata. (DEJ). Catal. (1833) p. 213. — *Id.* (1837) p. 235.

Mycetocharis scapularis, L. REDTENB. Faun. aust. p. 606. (♂).

Mycetocharis bipustulata, SAHLL. Ins. fenn. p. 457. 4. — L. REDTENB. Faun. aust. p. 606.

Long. 0,0056 à 0,0059 (2 1/2 à 2 2/3 l.) — Larg. 0,0018 à 0,0020 (3/4 à 10/11 l.) ♂
— 0,0021 à 0,0033 (1 à 1 1/2 l.) ♀

Corps suballongé (♂) ou oblong (♀); ordinairement d'un noir luisant, parfois d'une teinte moins obscure surtout sur le ventre; hérissé en dessus de poils noirs, mi-couchés. *Tête* marquée de points peu serrés, surtout sur l'épistome; bord antérieur de celui-ci, labre et autres parties de la bouche d'un flave testacé (♂) ou d'un roux de nuances variables (♀). *Antennes* ordinairement noires, avec les trois premiers articles d'un roux flave (♀), ou d'un flave jaune et testacé et souvent avec la première moitié du quatrième article de même couleur (♂). *Prothorax* à peu près parallèle depuis la moitié de sa longueur jusqu'à sa base (♂), ou arrondi sur les côtés vers le milieu de sa longueur, et rétréci à partir de ce point en ligne presque droite ou à peine sinuée; à peine rebordé à sa base, sans rebord sur les côtés; de deux tiers environ plus large à sa base qu'il est long sur son milieu; à angles postérieurs vifs et subacuminés; peu (♂) ou médiocrement (♀) convexe; marqué de points peu serrés, un peu râpeux, donnant chacun naissance à un poil noir, mi-couché; déprimé ou rayé sur la ligne médiane, d'un sillon raccourci en devant (♂), ou offrant souvent à peine les traces de cette dépression (♀); marqué, au devant de chaque sinuosité basilaire, d'une fossette en triangle large ou dirigée d'une manière un peu obliquement transverse, vers le côté externe qu'elle n'atteint pas. *Ecusson* en triangle obtus, à côtés droits. *Elytres* presque parallèles ou à peine élargies jusqu'aux deux tiers, et une fois au moins plus longues qu'elles sont larges (♂), ou graduellement élargies jusque vers la moitié de leur longueur et rétrécies ensuite; de moitié plus longues qu'elles sont larges vers leur milieu (♀); très-médiocrement (♂) ou assez sensiblement (♀) convexes; à stries marquées de points plus gros que ceux des intervalles et subcrénelées par ces points : ces stries affaiblies vers leur extrémité; les quatrième et cinquième ordinairement obsolètes et peu distinctement unies à leur extrémité; noires, ornées chacune d'une tache humérale flave ou d'un flave jaune (♂), ou d'un roux jaune ou testacé (♀), subarrondie ou plutôt obliquement ovalaire, couvrant depuis la deuxième ou la troisième strie jusqu'à la huitième ou à la neuvième, un peu moins rapprochée de la base que du côté externe, prolongée jusqu'au cinquième ou un peu moins de la longueur. *Intervalles* presque plans ou peu convexes; marqués de points ruguleux ou râpeux, donnant chacun naissance à un poil noir, mi-couché. *Dessous du corps* noir, parfois brun ou d'un brun roux ou roussâtre sur le ventre; pubescent. *Hanches antérieures* visiblement et complètement séparées par le prosternum. *Pieds* : cuisses noires ou brunes; jambes et tarses d'un flave jaune (♂), rousses ou d'un roux testacé (♀).

Cette espèce habite plus particulièrement les parties froides ou septentrionales. Elle a été prise dans les environs de Paris par divers entomologistes; à Bitche, dans la Moselle, par M. Gaubil; dans les Alpes de Briançon, par M. Godart.

Observat. Les ♂ et ♀ que nous avons eus sous les yeux présentent entre eux les mêmes différences que ceux du *Micet. barbu*. Les premiers ont le corps plus parallèle, plus linéaire et paraissant, par là, plus allongé. Les secondes ont le corps oblong; le prothorax plus convexe, plus arrondi sur les côtés; les élytres ovalaires, sensiblement élargies vers la moitié de leur longueur.

Faut-il rapporter à deux espèces différentes les *M. scapularis* et *bipustulata* de Gyllenhal et de M. L. Redtenbacher? ou les individus décrits sous ces noms ne sont-ils que les deux sexes d'une même espèce? Nous n'avons pas eu des types authentiques des auteurs précités; mais dans les collections que nous avons eues entre nos mains, tous les exemplaires désignés sous les noms de *scapularis* et de *bipustulata* nous portent à adopter la dernière opinion.

La larve du *M. scapularis*, Gyll. a été décrite par Waterhouse dans les Transactions de la société entomologique de Londres, t. 1, p. 27.

cc Elytres ornées chacune d'une tache humérale et d'une bande, flaves ou d'un flave roussâtre.

3. **M. fasciata**; E. Mulsant et V. Mulsant. *Corps allongé; noir ou noir brun; hérissé en dessus de poils mi-couchés d'un fauve livide: joues, épistome, bouche et pieds d'un roux testacé (♂), en partie obscurs (♀). Prothorax ponctué; noté d'une fossette au devant de chaque quart externe de la base. Elytres une fois plus longues que larges dans leur milieu; ruguleusement ponctuées; offrant, près de la suture, les traces légères (♂) ou plus distinctes (♀) de trois stries; ornées chacune d'une tache et d'une bande d'un roux testacé: la tache, humérale, obliquement ovalaire, prolongée jusqu'au quart: la bande, subtransversale, presque des deux tiers aux quatre cinquièmes. Hanches de devant séparées par un prosternum comprimé.*

♂. Corps allongé; presque parallèle. Prothorax presque parallèle dans sa seconde moitié. Elytres plus d'une fois plus longues qu'elles sont larges dans leur milieu; subparallèles jusqu'aux deux tiers. Labre, antennes et pieds, d'un roux testacé.

♀. Corps moins étroit, moins parallèle. Prothorax arrondi sur les côtés et sinué près des angles postérieurs. Elytres à peu près une fois plus longues qu'elles sont larges dans leur milieu; faiblement élargies jusqu'à la moitié de leur longueur, rétrécies ensuite en ligne un peu courbe de ce point jusqu'à l'angle sutural. Labre, antennes et pieds d'une teinte moins claire : les antennes nébuleuses ou obscures dans leur milieu : les pieds, principalement sur les cuisses.

Mycetochares fasciata, E. Mulsant et V. Mulsant. Ann. de la Soc. linn. de Lyon, 1854—1855 p. 255 — E. Mulsant, Opuscules, 6e cah. p. 155—156.

L. 0,0056 à 0,0067 (2 1/2 à 3 l.). — L. 0,0022 (1 l.) ♂. — 0,0026 (1 1/5 l.) ♀.

Corps suballongé ; peu convexe ; ordinairement noir ou d'un noir brun et garni en dessus de poils d'un fauve livide, clairsemés et mi-couchés. *Tête* marquée de points peu rapprochés sur le front, plus serrés sur l'épistome ; hérissée de poils cendrés ; creusée d'un sillon profond sur la suture frontale ; noire ou brune, avec les joues, l'épistome le labre et les autres parties de la bouche d'un roux testacé (♂), ordinairement d'un roux souvent nébuleux ou obscur (♀). *Antennes* à peine prolongées jusqu'à la moitié de la longueur (♂) ou un peu moins (♀) ; d'un roux testacé au moins à la base, d'un roux nébuleux (♂) ou obscures (♀) dans leur milieu ; à troisième article un peu plus long (♂) ou d'un cinquième plus long (♀) que le quatrième. *Prothorax* déclive à ses angles de devant ; élargi en ligne courbe jusqu'à la moitié, subparallèle ensuite (♂) ou rétréci ensuite près des angles postérieurs (♀) ; à angles de derrière rectangulairement ouverts et assez vifs ; presque en ligne droite (♀) ou très-faiblement en arc dirigé en arrière (♂), avec les angles un peu moins prolongés en arrière que la partie médiaire ; assez faiblement sinué vers chaque quart externe de la base ; de deux tiers environ plus large à la base qu'il est long sur son milieu ; peu (♂) ou très-médiocrement (♀) convexe ; sans rebords ; marqué, comme le front, de points peu épais, donnant chacun naissance à un poil d'un fauve livide ; ordinairement noir ou brun, parfois moins obscur surtout près des bords (principalement chez le (♂) ; marqué, au devant de chaque sinuosité basilaire, d'une fossette triangulaire ou un peu obliquement transverse ; offrant parfois (surtout chez le ♂) une légère dépression vers l'extrémité de la ligne médiane. *Ecusson* en triangle obtus à l'extrémité ; brun ; ponctué et garni de poils d'un fauve livide. *Elytres* presque parallèles jusqu'aux deux tiers (♂), un peu élargies jusqu'à la moitié ; rétrécies ensuite en ligne un peu courbe jusqu'à l'angle sutural ; trois fois et demie aussi longues que le prothorax ; un peu plus d'une fois (♂) ou à peu près une fois (♀) plus longues qu'elles sont larges dans leur milieu, prises ensemble ; peu convexes ; ruguleusement ponctuées et garnies de poils mi-couchés d'un fauve livide ; à fossette humérale assez marquée ; offrant près de la suture trois stries peu marquées et souvent en partie indistinctes (♂), plus apparentes (♀); noires ou brunes, ornées chacune d'une tache et d'une bande transversale, d'un flave roussâtre (♂) ou d'un roux testacé (♀) : la tache, un peu obliquement ovale, couvrant presque depuis l'épaule jusqu'au quart de la longueur, et depuis le côté externe jusqu'au tiers interne de la largeur, vers les trois quarts ou quatre cinquièmes de sa longueur, détachée du bord externe à partir de la moitié de sa longueur, et d'une manière graduellement plus prononcée jusqu'à l'extrémité, subarrondie à celle-ci. *Dessous du corps* noir, brun ou brun roussâtre; peu pubescent. *Hanches antérieures* visiblement séparées par un prosternum ordinairement roux testacé ou d'un roux flave, comprimé par les dites hanches et réduit entre elles à une sorte de tranche. *Pieds* d'un roux pâle ou d'un flave roussâtre (♂), d'un roux testacé, avec les cuisses ordinairement nébuleuses (♀).

Cette espèce a été prise par mon fils et par moi dans le département des Basses-Alpes. J'en ai vu dans la collection de M. Chevrolat un individu provenant de la même localité.

Obs. La teinte de quelques-unes des parties du corps offre des variations, suivant le développement de la matière colorante. Les individus que nous avons eus sous les yeux n'étaient pas d'un noir bien foncé.

AA. Hanches de devant plus élevées que le prosternum; non séparées ou peu distinctement séparées par lui.

d. Elytres marquées chacune de deux taches d'un roux testacé.

4. **M. quadrimaculata**; LATREILLE. *Suballongé ou oblong; d'un noir ou d'un noir brun luisant; hérissé en dessus de poils noirs, mi-couchés: bouche, base et moitié postérieure du dernier article des antennes, jambes et tarses, d'un roux testacé. Prothorax creusé d'une fossette au devant de chaque quart externe de la base, ordinairement déprimé sur la ligne médiane. Elytres ruguleusement ponctuées; à stries irrégulièrement ponctuées, légères, peu distinctes sur les côtés et surtout à l'extrémité; ornées chacune de deux taches d'un flave orangé: l'une humérale: l'autre transverse, des deux tiers aux trois quarts. Hanches de devant peu distinctement séparées par le prosternum.*

♂. Corps plus étroit, plus parallèle.

♀. Corps moins étroit, proportionnellement moins allongé, plus ovalaire.

Helops quadrimaculatus. LATREILLE, Hist. nat. t. 10, p. 349. 8.

Mycetochares quadripustulata, DEJEAN. Catal. (1833), p. 213. — *Id.* (1837), p. 235.
Mycetochares quadripunctata, (PERROUD), DEJ. Catal. (1837), p. 235.
Mycetochares quadrimaculata, KÜSTER. Kæf. Europ. 21. 100?

Variations de couleur.

Obs. Le dessus du corps ordinairement noir, est parfois d'un noir brun ou brun. Le dessous du corps est souvent moins obscur sur le ventre. Les antennes sont ordinairement noires avec les trois premiers articles et la moitié basilaire du quatrième, roux ou d'un roux testacé, et la dernière moitié flave; mais souvent les articles intermédiaires passent au brun ou même au brun roussâtre, quand la matière colorante s'est peu développée. Les pieds ont habituellement les cuisses d'un brun noir et les jambes rousses ou d'un roux testacé; quelquefois celles-ci sont nébuleuses; d'autres fois, au contraire, les cuisses passent au brun, au brun roussâtre ou même au roux livide nébuleux ou brunâtre.

Long. 0,0048 à 0,0056 (2 1/8 à 2 1/2 l.). Larg. 0.0016 (3/4 l.) ♂ — 0,0020 à 0,0022 (7/8 à 1 l.) ♀.

Corps suballongé ou oblong; ordinairement noir, luisant, parfois d'une teinte moins obscure, surtout sur le ventre; hérissé en dessus de poils noirs mi-couchés. *Tête* marquée de points moins serrés sur le front que sur l'épistome : bord antérieur de celui-ci et autres parties de la bouche d'un roux testacé de nuances variables. *Antennes* ordinairement noires ou d'un noir brun, avec les trois premiers articles et la moitié basilaire du quatrième roux ou d'un roux testacé, et la dernière moitié du onzième article flave. *Prothorax* un peu rétréci à partir de la moitié de sa longueur, en ligne presque droite ou légèrement subsinuée (♂♀); à peine rebordé à la base, sans rebord sur les côtés; de deux tiers ou de trois quarts plus large à sa base qu'il est long sur son milieu; à angles postérieurs vifs et subacuminés; peu (♂) ou médiocrement (♀) convexe; marqué de points peu serrés et un peu ruguleux ou râpeux, donnant chacun naissance à un poil noir; ordinairement déprimé sensiblement sur la ligne médiane, souvent depuis la base jusqu'au quart antérieur; marqué, au devant de chaque sinuosité basilaire, d'une fossette en triangle élargi ou dirigée du côté externe d'une manière obliquement tranverse. *Ecusson* presque en demi-cercle, ou en triangle à côtés curvilignes et subarrondi à l'extrémité; ponctué. *Elytres* subparallèles jusqu'aux trois quarts, mais proportionnellement plus larges chez les ♀ que chez les ♂; de deux tiers (♀) ou de trois quarts (♂) plus larges qu'elles sont longues réunies; assez faiblement ou médiocrement convexes; à stries marquées de points irrégulièrement disposés: ces stries légères, peu distinctes vers le côté externe et surtout à l'extrémité: les quatrième et cinquième obsolètes ou peu distinctement unies à leur extrémité; noires, ornées chacune de deux taches d'un roux jaune, d'un roux testacé ou d'un jaune orangé : la première humérale, longitudinalement ovale, couvrant depuis la troisième strie jusqu'à la huitième, un peu moins rapprochée de la base que du bord externe, prolongée jusqu'au quart de la longueur : la deuxième en ovale transverse, étendue depuis la deuxième strie, jusqu'à la septième ou à la huitième, couvrant des deux tiers aux trois quarts de la longueur. *Intervalles* marqués de points ruguleux ou râpeux, donnant chacun naissance à un poil noir, mi-couché. *Dessous du corps* noir, souvent brun ou brun roux ou d'un roux brun, sur le ventre; pubescent. *Hanches antérieures* plus élevées que le prosternum, tantôt ne paraissant pas séparées par lui, d'autres fois offrant les faibles traces d'une tranche très-étroite en partie cachée par les hanches. *Pieds* : cuisses ordinairement brunes ou d'un brun noir, parfois d'un brun roux ou d'un roux testacé brunâtre : jambes et tarses roux ou d'un roux testacé.

Cette espèce se trouve dans les environs de Lyon, et moins rarement dans nos provinces plus méridionales, sur le peuplier, le sycomore, etc. Elle a été prise à Fontainebleau par M. Chevrolat.

Obs. Elle n'offre pas entre les ♂ et les ♀ des différences aussi sensibles que les précédentes.

Il faut probablement rapporter à cette espèce le *My. 4-maculata* de M. le docteur Küster; mais cet auteur ayant oublié, dans la description qu'il a donnée, d'indiquer la position et la forme des taches des élytres, a rendu, par là, sa description trop incomplète pour que nous puissions avec certitude assurer que l'espèce désignée par lui est conforme à la nôtre.

dd. Elytres ornées chacune d'une tache humérale d'un roux flave.

5. **M. flavipes**; Fabricius. *Allongé, ordinairement noir et hérissé de poils obscurs, en dessus : bouche, antennes, pieds et deux ou trois premiers arceaux de l'abdomen d'un flave testacé. Elytres ornées chacune d'une tache humérale d'un roux flave presque en parallélipipède longitu-*

dinal, couvrant environ depuis la deuxième strie jusqu'au bord marginal, et presque depuis la base jusqu'au quart de la longueur; à stries ponctuées et subcrénelées. Hanches de devant non séparées par le prosternum.

♂. Corps allongé, presque parallèle. Prothorax parallèle dans sa seconde moitié. Elytres presque parallèles ou faiblement élargies en ligne droite jusqu'aux deux tiers, une fois et demie environ plus longues qu'elles sont larges dans leur milieu. Dernier arceau du ventre obtus.

♀. Corps moins linéaire. Prothorax arrondi vers le milieu de ses côtés et plus larges dans ce point qu'aux angles postérieurs. Elytres offrant vers les quatre septièmes de leur longueur leur plus grande largeur; moins d'une fois plus longues qu'elles sont larges dans leur diamètre transversal le plus grand. Dernier arceau du ventre en ogive.

Leptura bipustulata. THUNBERG, Nov.act. Upsal. t. 4. p. 16. 29? — GMEL. C. LINN. Syst. nat. t. 1. p. 1874. 57?

Cistela flavipes, FABRICIUS, Entom. Syst. t. 1. 2. p. 45. 19.—*Id*. Syst. El. t. 2. p. 19. 17. — PAYK. Faun. Suec. t. 2. p. 125. 6. —SCHOENH. Syn. ins. t. 2. p. 336. 18. — WALCKENAER, Faun. par. t. 1 p. 148. 5.

Cistela humeralis, ILLIG. in SCHNEIDER's. N. Magaz. p. 607. note.

Mycetophila flavipes, GYLLENH. Ins. suec. t. 2 p. 546. 6.

Mycetochares flavipes, DEJ. Catal. (1833) p. 213. — *Id.* (1837) p. 235. — KÜSTER, Kæf. Eur. 21. 93.

Mycetocharis flavipes, ZETTERST. Ins. lapp. p. 162. 2. — L. REDTENB. Faun. aust. p. 605.

Long. 0,0067 à 0,0078 (3 à 3 1/2 l.). Larg. 0,0020 à 0,0022 (7/8 à 1 l.) (♂).
— 0,0026 à 0,0033 (1 1/5 à 1 1/2 l.). (♀).

Corps allongé (♂) ou suballongé (♀); hérissé en dessus de poils obscurs, mi-couchés. *Tête* marquée de petits points, ordinairement plus légers ou moins rapprochés sur le milieu du front; noire, avec la moitié antérieure de l'épistome, le labre et les autres parties de la bouche flaves, d'un flave roussâtre ou d'un flave testacé. *Antennes* de même couleur; ordinairement un peu moins claires, surtout sur leur partie médiaire, chez la ♀. *Prothorax* à peu près parallèle depuis la moitié de sa longueur jusqu'à sa base (♂), ou subarrondi vers le milieu de ses côtés et rétréci sensiblement depuis ce point, jusqu'aux angles postérieurs, d'une manière à peine sinueuse; assez faiblement relevé en rebord sur les deux tiers médiaires de sa base, peu sensiblement vers les angles; peu (♂) ou médiocrement (♀) convexe; marqué de points petits, peu serrés, légèrement râpeux donnant chacun naissance à un poil mi-couché ; noté de trois dépressions anté-basilaire : l'une, plus faible vers l'extrémité de la ligne médiane : chacune des autres oblique, plus prononcée, située entre la précédente et les angles postérieurs ; parfois marqué, surtout chez la ♀, de deux points-fossettes, sur son disque, vers les trois cinquièmes de la longueur. *Ecusson* en triangle obtus ; ordinairement à côtés presque droits (♂) souvent à côtés curvilignes (♀) ; noir ; pointillé, râpeux. *Elytres* presque parallèles ou faiblement élargies en ligne à peu près droite jusqu'aux deux tiers (♂) ou plus sensiblement élargies jusqu'aux quatre cinquièmes et rétrécies ensuite en ligne courbe jusqu'à l'angle sutural ; plus d'une fois (♂) ou moins d'une fois (♀) aussi longues qu'elles sont larges dans leur diamètre transversal le plus grand ; peu (♂) ou médiocrement (♀) convexes ; à stries marquées de points plus gros que ceux des intervalles et subcrénelées par ces points : les trois ou quatre plus rapprochées de la suture très-marquées sur la majeure partie de leur longueur, affaiblies à l'extrémité : les autres graduellement très-affaiblies même vers la base : les quatrième et cinquième prolongées jusqu'aux trois quarts et peu distinctement unies : les cinquième et sixième, unies à leur partie antérieure sur la fossette humérale ; noires, parées chacune d'une tache d'un roux flave ou d'un flave roussâtre ou testacé, presque en parallélipipède longitudinal, prolongée depuis la base jusqu'au quart environ de la longueur, couvrant depuis le rebord externe jusqu'à la troisième ou à la deuxième strie, un peu arrondie à son angle postéro-externe et moins rapprochée dans ce point du rebord extérieur. *Intervalles* presque plans ou peu convexes; marqués de points ruguleux ou râpeux, donnant chacun naissance à un poil obscur ou cendré obscur, mi-couché. *Dessous du corps* d'un roux testacé sur les trois premiers arceaux du ventre et ordinairement sur la partie longitudinale de la poitrine, et quelquefois en partie ou même en totalité sur les côtés des parties pectorales ; ordinairement noir sur ces dernières, surtout sur les côtés de l'antépectus et sur les deux derniers arceaux du ventre. *Hanches antérieures* contiguës, non séparées par le prosternum. *Pieds* entièrement d'un roux flave ou d'un flave roux.

Ces espèce se trouve, mais rarement, sur les montagnes des parties orientales de la France.

Obs. Elle se distingue facilement du *M. bipustulata* par ses hanches non séparées par le prosternum ; par la direction longitudinale de la tache des élytres, et par ses pieds entièrement de couleur claire.

La forme et la grandeur de la tache des élytres sert aussi à la séparer du *M. axillaris*.

A cette division se rapportent les espèces européennes suivantes, qui jusqu'à ce jour, ne paraissent pas avoir été trouvées en France.

α Elytres ornées chacune d'une tache humérale d'un roux testacé.

M. axillaris; PAYKULL. *Allongé; garni en dessus de poils fins, d'un cendré obscur, couchés, peu épais; noir: bouche, antennes et pieds, d'un roux testacé. Prothorax de moitié plus large à la base qu'il est long; ruguleusement ponctué, subsillonné transversalement au devant de la base. Elytres ruguleusement ponctuées; à stries ponctuées et subcrénelées; ornées chacune d'une tache humérale oblongue ou allongée, d'un roux testacé, peu nettement limitée, prolongée environ jusqu'au septième de leur longueur, étendue presque depuis le bord externe, jusqu'à la cinquième strie ou ordinairement à peine au-delà. Hanches de devant non séparées par le prosternum.*

Cistela axillaris, PAYK. Faun. suec. t. 2. p. 123. 4. — SCHOENH. Syn. ins. t. 2. p. 336. 17.
Mycetophila axillaris, GILLENH. Ins. suec. t. 2. p. 542. 2.
Mycetocharis axillaris, ZETTERS. Ins. lapp. p. 162. 1.
Mycetochares axillaris, KÜST. Kaef. Eur. 21. 99.

Obs. Le dessous du corps surtout varie souvent de teinte, suivant le développement de la matière colorante; il est quelquefois d'un brun fauve ou même d'un fauve brunâtre.

Sa larve a été décrite par Bouché (Naturg. d. Insekt.) p. 196 n° 23. pl. 10. fig. 1. Elle paraît avoir beaucoup d'analogie avec celle du *M. barbata*.

αα Elytres sans taches.

M. linearis; L. REDTENBACHER. *Suballongé ou allongé; noir brun, luisant; hérissé en dessus de poils noirs mi-couchés: bouche et antennes d'un fauve brun ou d'un brun roussâtre: celles-ci ordinairement plus obscures ou plus nébuleuses. Prothorax sans fossettes ou presque sans fossettes au devant de la base. Ecusson obtus à l'extrémité; à côtés droits. Elytres sans taches; à stries assez fortes, ponctuées et subcrénelées. Intervalles subconvexes, ruguleusement ponctués.*

Long. 0,0067 (3 l.)

Mycetocharis linearis, L. REDTENB. Faun. aust. p. 605.

Obs. Les stries sont moins fortes vers l'extrémité; mais les quatrième et cinquième se lient ou à peu près d'une manière visible, vers les trois quarts ou quatre cinquièmes de la longueur des étuis.

Cette espèce se distingue facilement de notre *M. barbata*, par ses hanches de devant non séparées par le prosternum.

M. maurina. *Suballongé; noir, luisant; hérissé en dessus de poils noirs; trois premiers articles au moins des antennes d'un rouge testacé : les suivants d'un rouge testacé brunâtre : jambes et tarses d'un flave testacé : cuisses obscures ou d'un brun testacé. Prothorax creusé d'une fossette au devant de chaque sinuosité basilaire. Ecusson presque en demi-cercle. Elytres sans taches; à stries prononcées, affaiblies vers l'extrémité, ponctuées et subcrénelées. Intervalles ruguleusement ponctués; subconvexes.*

Long. 0,0078 (3 1/2 l.).

Mycetophila morio, ZIEGLER) DEJEAN). Catal. (1821). p. 71.
Mycetochares morio, (ZIEGLER) (DEJEAN). Catal. (1833) p. 213. — *Id.* (1837) p. 235.
Mycetocharis morio, (ZIEGLER) L. REDTENBACHER, Faun. Aust. p. 605.

Obs. Cette espèce se distingue de la précédente par sa taille un peu plus avantageuse ; par la couleur plus foncée du dessus de son corps ; par son prothorax offrant des fossettes basilaires très-marquées ; par son écusson presque en demi-cercle, par sa bouche brune ou brunâtre ; ses cuisses nébuleuses ou brunâtres.

Nous n'avons eu au reste sous les yeux qu'un exemplaire ♀, et il faudrait avoir un certain nombre d'individus des deux sexes pour établir les différences caractéristiques des deux espèces.

Le nom spécifique de *morio* ayant déjà été donné par Fabricius à une autre espèce de ce groupe, nous lui avons substitué la dénomination de *maurina*.

Genre *Hymenorus*, HYMENORE; Mulsant [1].

CARACTÈRES. *Avant-dernier article des tarses postérieurs* pourvu d'une sole membraneuse s'avançant sous l'article suivant. *Ecusson* presque en pentagone inéquilatéral. *Premier article des tarses postérieurs* aussi long à peu près que les trois suivants réunis. *Ongles* des pieds postérieurs à huit dents environ.

Obs. Les antennes sont à peine prolongées jusqu'aux deux cinquièmes

---

(1) MULSANT, Opuscules entom. 1er cah. p. 68 et 188.

de la longueur du corps ; peu garnies de poils rigides. Les hanches de devant sont séparées par le prosternum dans la seule espèce connue.

1. **H. Doublieri** ; Mulsant. *Suballongé ; peu convexe ; noir, luisant ; garni en dessus de poils obscurs, presque couchés. Antennes brunes, ordinairement plus claires à l'extrémité et à la base. Prothorax subparallèle dans sa seconde moitié ; déprimé sur la ligne médiane ; marqué d'une fossette oblique au devant des sinuosités basilaires ; ruguleusement ponctué. Ecusson presque en pentagone inéquilatéral. Elytres à stries ponctuées et subcrénelées. Intervalles peu convexes, ruguleusement ponctués. Jambes et tarses d'un brun livide. Hanches séparées par le prosternum.*

Hymenophorus Doublieri, Mulsant, Opusc. entom. 1er cah. p. 68.
Hymenorus Doublieri, Mulsant, Opusc. entom. 1er cah. p. 88.

Variations de couleur.

Obs. La teinte du corps et de plusieurs de ses parties varie suivant le développement de la matière colorante. Dans l'état le plus complet de coloration, le dessus et le dessous du corps sont noirs ; mais souvent la partie inférieure, le ventre surtout, sont d'une teinte moins obscure. Le labre et les parties de la bouche, parfois d'un noir brun, sont d'autres fois d'une teinte plus claire. Les antennes rarement noires, ordinairement brunes, ont généralement le dernier article plus clair, quelquefois les trois ou quatre derniers d'un flave orangé ; les premiers articles parfois d'un noir brun, ordinairement les deux basilaires ou même rarement les trois ou quatre premiers d'un brun rouge ou d'un rouge testacé brun ou brunâtre. Les cuisses communément plus obscures que les jambes, sont parfois comme celles-ci d'un brun plus ou moins livide.

Long. 0,0078 à 0,0087 (3 1/2 à 3 7/8 l.) Larg. 0,0025 à 0,0028 (1 1/8 à 1 1/4 l.).

Corps suballongé, elliptique plutôt que parallèle ; peu convexe ; ordinairement noir, luisant ; garni en dessus de poils obscurs, courts, presque couchés, médiocrement apparents. *Tête* marquée de points assez serrés. *Antennes* ordinairement brunes, avec l'extrémité et la base d'une teinte plus claire *Prothorax* arrondi et déclive aux angles de devant, paraissant, par là, presque en demi-cercle jusqu'à la moitié, subparallèle ensuite ; très-étroitement rebordé sur les côtés et à la base ; de moitié au moins plus large à cette dernière qu'il est long sur son milieu ; graduellement presque plan en arrière ; marqué sur la ligne médiane, d'une dépression ou d'un sillon large et assez faible, peu distinct en devant ; noté, au devant de chaque sinuosité basilaire, d'une fossette ou d'un sillon naissant du bord externe de la dépression médiane, presque au niveau des côtés de l'écusson, et dirigé d'une manière obliquement transverse jusqu'au quart externe de la largeur ; noir ; ruguleusement ponctué. *Ecusson* plus large que long ; presque en pentagone inéquilatéral ; parfois sinué de chaque côté près de l'extrémité et terminé à celle-ci en pointe plus ou moins prononcée ; noir ; ponctué. *Elytres* émoussées aux épaules ; faiblement élargies jusqu'aux trois cinquièmes et d'une manière à peine subsinueuse dans le milieu de cette longueur, en ogive obtuse postérieurement ; munies d'un rebord latéral non prolongé jusqu'à l'angle sutural ; peu convexes ; à stries assez prononcées, marquées de points plus larges que longs, subcrénelées par ces points : les quatrième et cinquième distinctes jusqu'à leur extrémité, prolongées environ jusqu'aux cinq sixièmes ou un peu moins. *Intervalles* faiblement convexes, surtout à partir du quatrième ; ruguleusement marqués de points donnant, comme ceux de la tête et du prothorax, naissance à un poil noir ou obscur, fin, assez court, presque couché. *Dessous du corps* garni de poils plus courts et plus clairsemés ; ordinairement noir ou noir brun sur la poitrine, souvent brun ou même brun livide sur les quatre premiers arceaux du ventre. *Hanches de devant* visiblement et complétement séparées par le prosternum. *Pieds* d'un brun plus ou moins livide, avec les cuisses ordinairement moins claires ou plus obscures *Premier article des tarses postérieurs* à peu près aussi long que les trois suivants réunis.

Cette espèce a été découverte dans les environs de Draguignan par feu mon ami Doublier ; puisse-t-elle longtemps rappeler le souvenir de cet entomologiste et de cet homme de bien, enlevé par une mort prématurée à l'affection de sa famille et de ses amis, et à l'estime de ses concitoyens.

Obs. Elle a le port du *Mycetochares maurina* (*M. morio*, ZIEGLER) ; mais elle s'en distingue facilement par la forme de son écusson, par ses hanches antérieures séparées par le prosternum, par le peigne des ongles postérieurs à dents plus longues, plus nombreuses, presque égales jusqu'à l'apicale, qui se détache nettement des autres ; surtout par l'avant-dernier article des tarses, pourvu d'une sole membraneuse s'avançant sous l'article suivant.

Nous avons décrit sa larve (Opuscules entomolog. 1er cah. p. 70) ; il serait inutile d'en reproduire ici la description.

DEUXIÈME BRANCHE.

LES CISTÉLAIRES.

CARACTÈRES. *Antennes* grêles ; ordinairement presque glabres ou peu pubescentes ; à septième article deux fois au moins aussi long qu'il est large dans son diamètre transversal le plus grand. *Hanches antérieures* subglobuleuses, toujours séparées complètement (au moins chez les espèces ci-après décrites) par un prosternum peu ou point comprimé. *Corps* arqué longitudinalement.

Ils peuvent être divisés en deux rameaux.

		RAMEAUX.
Palpes maxillaires	à dernier article fortement triangulaire, offrant le côté antérieur, c'est-à-dire celui qui forme l'extrémité, notablement plus long que chacun des deux autres : ceux-ci presque égaux.	*Alléculates.*
	à dernier article cultriforme, ou en triangle inéquilatéral, à côté externe un peu plus long que celui de l'extrémité et beaucoup plus que le postérieur ou interne postérieur.	*Cistélates.*

PREMIER RAMEAU.

LES ALLÉCULATES.

CARACTÈRES. *Antennes* grêles ; à septième article deux fois au moins aussi long qu'il est large dans son diamètre transversal le plus grand ; à troisième article moins long que le quatrième. *Palpes maxillaires* à dernier article fortement sécuriforme ou triangulaire, offrant le côté antéro-interne notablement plus long que chacun des deux autres : ceux-ci presque égaux entre eux. *Mesosternum* plus large à son extrémité que le prosternum entre les hanches. *Corps* arqué longitudinalement.

Ce rameau est réduit au genre suivant :

Genre *Allecula*, ALLECULA ; Fabricius [1].

CARACTÈRES. *Tête* plus longue que large. *Antennes* prolongées environ jusqu'aux deux tiers (♀), ou jusqu'aux quatre cinquièmes (♂) de la longueur du corps ; grêles ; presque filiformes ; subdentées du qua-

(1) FABRICIUS, Syst. Eleuth., t. 2, p. 21.

trième au dixième article, plus faiblement chez la ♀ que chez le ♂; à troisième article sensiblement moins long que le quatrième : celui-ci à peu près le plus long. *Mâchoires* à deux lobes. *Menton* élargi d'arrière en avant; tronqué en devant. *Languette* échancrée. *Yeux* un peu saillants. *Prothorax* plus rapproché du carré transverse que de la forme semi-orbiculaire; notablement plus étroit que les élytres à la base, dépassant à peine leur sixième strie; à angles postérieurs non courbés en arrière sur les angles huméraux des étuis. *Elytres* d'un sixième ou d'un cinquième plus larges en devant que le prothorax à ses angles postérieurs; à peine élargies jusque vers les trois cinquièmes ou un peu plus de leur longueur. *Repli* prolongé presque jusqu'à l'extrémité. *Prosternum* non comprimé; non prolongé après le bord de l'antépectus. *Mésosternum* tronqué ou presque bidenté à son extrémité; plus large à celle-ci que le prosternum. *Postépisternums* presque parallèles ou faiblement rétrécis d'avant en arrière; quatre fois au moins aussi longs qu'ils sont larges dans leur milieu. *Pieds* allongés. *Hanches postérieures* dépassant à leur extrémité externe le côté interne des postépisternums. *Cuisses* peu comprimées. *Jambes* grêles. *Tarses* offrant l'avant dernier article muni en dessous d'une sole membraneuse sensiblement avancée sous l'article suivant : le premier des mêmes tarses au moins aussi long que les trois suivants réunis. *Ongles postérieurs* offrant chacune de leurs branches munie de cinq ou six dents.

1. **A. morio**; Fabricius. *Suballongé; garni de poils couchés, peu apparents; d'un noir brun ou d'un brun noir. Antennes, ventre et pieds parfois moins obscurs, au moins en partie. Prothorax presque en carré transverse; rayé d'une ligne longitudinale médiane. Elytres à stries ponctuées. Intervalles faiblement convexes, ruguleusement pointillés.*

♂ Front un peu plus étroit que le diamètre transversal d'un œil, ou du moins de la partie de celui-ci visible en dessus. Antennes plus sensiblement subdentées; à troisième article à peu près égal à la moitié du quatrième.

♀ Front moins étroit que le diamètre transversal d'un œil. Antennes moins sensiblement subdentées; à troisième article un peu plus grand que la moitié du quatrième.

Variations de couleur.

Obs. Le dessus du corps est ordinairement noir, parfois d'un noir tirant plus ou moins sur le brun, ou même de cette dernière teinte. Ordinairement les élytres sont moins foncées que la tête et que le prothorax. Les antennes, ou du moins leur base, et les pieds, se montrent quelquefois d'un brun rouge ou d'un brun testacé. Le dessous du corps et surtout le ventre se montrent aussi d'un brun de nuance variable, suivant le développement de la matière colorante.

Erotylus rufus, Fabr. Gen. ins. p. 222. 9?
Erotylus rufipes, Fabr. Spec. 1. p. 158. 15? — *Id.* Mant. ins. t. 1. p. 92. 21? — *Id.* Ent. Syst. t. 1. 2. p. 40. 27? — Panz. Ent. Germ. t. 1. p. 182. 1? — Herbst, Naturg. t. 8. p. 383. 32?
Cryptocephalus (*Erotylus*) *Kiloniensis*, Gmel. C. Linn. Syst. Nat. t. 1 p. 1728, 211?
Cistela morio, Fabr. Mant. 1. p. 86. 15. — *Id.* Ent. Syst. t. 1. 2. p. 46. 24. — Oliv. Ency. méth. t. 6. p. 7. 17. — *Id.* Entom. t. 3. nº 54. p. 8. 8. pl. 1. f. 7. a, b. — Panz. Entom. Germ. t. 1. p. 187. 24. — Payk. Faun. suec. t. 2. p. 122. 3. — Walck. Faun. par. t. 1. p. 148. 6. — Tigny, Hist. Nat. t. 7. p. 173.
Chrysomela morio, De Vill. C. Linn. Entom. t. 4. p. 264.
Cistela opaca, Illig. Beschs. *in* Schneid. Mag. p. 614. 15. — Panz. Ent. Germ. t. 1. p. 182. 1. — *Id.* f. 9. 25. 18.
Allecula morio, Fabr. Syst. El. t. 2. p. 21. 1. — Illig. Mag. t. 3. p. 162. 1. — Panz. Faun. Germ. 95. 1. — Schoenh. Syn. Ins. t. 2. p. 338. 1. — Gyllenh. Inst. suec. t. 2. p. p. 539. 1. — L. Redtenb. Faun. aust. p. 601. — Küster, Kæf. Europ. 18. 59.

Long. 0,0078 à 0,0090 (3 1/2 à 4 l.). Larg. 0,0020 à 0,033 (7/8 à 1 1/2 l.).

Corps suballongé; d'un noir brun ou d'un noir de poix mat, en dessus; garni de poils obscurs, fins, couchés, peu apparents. *Tête* densement et finement ponctuée; garnie d'un duvet plus court; noire ou d'un noir brun: labre brun ou d'un brun rougeâtre. Palpes de même couleur. *Antennes* à peines pubescentes; parfois d'un brun rouge. *Prothorax* tronqué et un peu moins large en devant que la tête prise aux yeux; émoussé aux angles de devant; un peu élargi en ligne courbe jusqu'aux deux cinquièmes de ses côtés, subparallèle ou subsinueusement presque parallèle ensuite; tronqué en devant de l'écusson et faiblement sinué entre cette troncature et chaque angle postérieur; rectangulaire à ceux-ci; à bords latéraux légèrement repliés en dessous et munis d'un rebord étroit peu ou point visible quand l'insecte est examiné perpendiculairement en dessus; de moitié au moins plus large à sa base qu'il est long sur son milieu; densement et finement ponctué; noir ou d'un noir brun; garni d'un duvet court et peu apparent; rayé longitudinalement d'une ligne médiane plus légère ou moins distincte en devant; marqué au devant de chaque sinuosité basilaire d'une fossette ou d'une impression en arc dirigé en arrière; parfois noté d'une fossette ponctiforme de chaque côté de la ligne médiane, vers les trois cinquièmes de sa longueur. *Ecusson* plus large que long; en triangle à côtés curvilignes; finement ponctué. *Elytres* trois fois au moins aussi longues que le prothorax; émoussées aux épaules; elliptiques, subgraduellement et assez faiblement élargies jusqu'à la moitié ou aux trois cinquièmes, en ogive plus étroite et moins obtuse (♂); postérieurement de moitié ou de deux tiers plus longues qu'elles sont larges vers la moitié, prises ensemble; médiocrement convexes; ordinairement moins obscures que le prothorax; à neuf stries ponctuées; offrant près de la suture le commencement d'une strie prolongée jusqu'au sixième de la longueur. *Intervalles* faiblement convexes; subcrénelés par les points des stries; plus superficiellement et subruguleusement marqués de petits points donnant chacun naissance à un poil fin, obscur, couché, peu apparent. *Dessous du corps* brun ou d'un brun noir, luisant. *Pieds* concolores ou parfois moins obscurs.

Cette espèce paraît habiter principalement les parties tempérées, froides ou montagneuses. On la trouve dans les environs de Lyon sur les châtaigniers. Sa larve vit dans l'intérieur des mêmes arbres.

DEUXIÈME RAMEAU.

LES CISTELATES.

CARACTÈRES. *Antennes* grêles; à septième article deux fois au moins aussi long qu'il est large dans son diamètre transversal le plus grand; à troisième article ordinairement moins long que le quatrième. *Palpes maxillaires* à dernier article comprimé, notablement plus gros que le précédent; habituellement cultriforme, c'est-à-dire offrant le côté externe le plus long: les deux autres plus ou moins inégaux: l'antérieur de ceux-ci moins court. *Yeux* situés sur les côtés de la tête; plus ou moins saillants; échancrés. *Tête* rétrécie après les yeux; rayée d'un sillon arqué en arrière, sur la suture frontale. *Prothorax* plus large que long. *Elytres* à peine ou faiblement plus larges en devant que le prothorax à ses angles postérieurs; offrant de la moitié aux deux tiers leur plus grande largeur, rétrécies ensuite en ligne courbe. *Repli* prolongé jusqu'à l'angle sutural ou presque jusqu'à lui. *Prosternum* faiblement comprimé entre les hanches; longitudinalement courbé. *Mésosternum* plus étroit à son extrémité que le prosternum entre les hanches. *Postépisternums* un peu rétrécis d'avant en arrière; ordinairement trois fois, ou environ, aussi longs qu'ils sont larges dans leur milieu. *Cuisses* sensiblement comprimées. *Jambes* grêles. *Premier article des tarses postérieurs* moins long ou à peine aussi long que les trois suivants réunis. *Corps* ovalaire ou suballongé.

Réunis par ces caractères généraux, les Cistélates présentent entre eux des différences assez saillantes pour nécessiter leur division en plusieurs genres. Sous quelque rapport que soit jugée la valeur de ces coupes nouvelles, elles serviront, nous en avons l'espérance, à montrer le travail de la Nature, c'est-à-dire les modifications plus ou moins insensibles, par lesquelles elle semble avoir voulu passer d'une forme à une autre.

GENRES.

- Troisième article des antennes
  - moins long que le quatrième.
    - Prothorax tronqué en devant, plus rapproché de la forme du parallélipipède transversal que de celle du demi-cercle; moins large postérieurement que les élytres; à angles postérieurs non courbés en arrière sur ceux des étuis. — *Gonodera.*
    - Prothorax presque en demi-cercle; à angles postérieurs ayant plus ou moins de tendance à se courber en arrière sur ceux des élytres.
      - Prothorax bissinué à la base, avec les angles postérieurs ayant au moins de la tendance à se courber sur ceux des étuis; antennes subcomprimées, subdentées ou dentées; à troisième article notablement moins long que le quatrième, chez le ♂.
        - Avant dernier article des tarses postérieurs sans sole membraneuse, en dessous. Antennes dentées en scie. — *Cistela.*
        - Avant dernier article des tarses, pourvu en dessous d'une sole membraneuse s'avançant sous l'article suivant. Antennes subdentées. — *Hymenalia.*
      - Prothorax presque tronqué ou faiblement subbisinué à la base. Antennes non comprimées, non dentées; à troisième article presque aussi grand que le quatrième. Avant dernier article des tarses sans sole membraneuse. — *Isomira.*
  - au moins aussi long que le quatrième. Avant dernier article des tarses intermédiaires et postérieurs pourvus d'une sole membraneuse s'avançant sous l'article suivant. Prothorax bissinué à la base, avec les angles posrieurs courbés en arrière sur ceux des étuis. — *Eryx.*

Genre *Gonodera*, GONODÈRE.

CARACTÈRES. *Antennes* prolongées à peine jusqu'aux deux tiers (♀) ou aux quatre cinquièmes environ (♂) de la longueur du corps ; subcomprimées ; subdentées (♂) ou presque filiformes (♀) ; de onze articles : le troisième, généralement beaucoup plus court que le quatrième chez le ♂. *Dernier article des palpes maxillaires* offrant son côté postéro-interne sensiblement plus court que l'antéro-interne. *Prothorax* tronqué en devant ; plus rapproché de la forme du parallélogramme transversal que du demi-cercle ; moins large postérieurement que les élytres aux épaules, ne dépassant pas le calus huméral de celles-ci ; à peine arqué en arrière à la base ; à angles postérieurs non courbés sur les angles huméraux des élytres. *Avant dernier article des tarses* intermédiaires et postérieurs non pourvu d'une sole membraneuse s'avançant sous l'article suivant. *Ongles postérieurs* à six ou sept dents à chacune de leurs branches.

Obs. Le prothorax se rapproche encore, dans ce genre, de la forme qu'il a dans les Alléculates. Le troisième article des antennes est moins court que dans les deux genres suivants : le dernier est à peine appendicé.

1. **G. fulvipes** ; FABRICIUS. *Oblong ; glabre ; luisant ; ordinairement d'un noir verdâtre en dessus et en dessous, avec au moins le premier article des antennes et les pieds d'un roux testacé ; quelquefois avec la tête et le prothorax d'un brun rouge ou d'un rouge brunâtre, et les élytres d'un roux ferrugineux ou testacé. Ecusson en triangle rectiligne, très-émoussé à l'extrémité. Elytres à fossette humérale presque nulle ; à stries prononcées et ponctuées : la quatrième ordinairement à peine unie postérieurement à la cinquième. Intervalles pointillés.*

♂ Front à peine plus grand que le diamètre transversal d'un œil. Troisième article des antennes à peine plus grand que la moitié du quatrième. Cinquième arceau ventral obtusément en arc à son extrémité. Trois premiers articles des tarses antérieurs, et moins sensiblement les mêmes des intermédiaires, dilatés et garnis en dessous d'espèces de brosses : les deuxième et troisième des antérieurs parallèles sur les deux tiers antérieurs de leur longueur.

♀ Front presque égal à deux fois le diamètre transversal d'un œil. Troisième article des antennes égal au moins aux trois cinquièmes de la longueur du quatrième, ou parfois presque aussi long que lui. Cinquième arceau ventral en ogive. Trois premiers articles des tarses antérieurs et intermédiaires sans dilatation sensible, sans véritables brosses en dessous : les deuxième et troisième des antérieurs, rétrécis en ligne courbe depuis la moitié jusqu'à la base.

Etat normal. Dessous du corps d'un noir verdâtre et brillant; labre moins obscur ou rougeâtre. Antennes d'un noir brun, brunes ou d'un brun rouge, à premier article d'un roux testacé ou d'un rouge fauve. Dessous du corps noir. Pieds d'un roux testacé.

Obs. Souvent toute la bouche, le labre, une partie de l'épistome et les palpes sont rougeâtres ou d'un rouge brun ou brunâtre. Les antennes sont parfois de la même couleur, avec le premier article ordinairement plus clair.

Cistela luperus, Herbst, *in* Fuessly's Arch. p. 65. 4. pl. 23. fig. 30. — *Id.* trad. fr. p. 115. 4. pl. 23. f. 30.

Cryptocephalus (Cistela) luperus, Gmel. C. Linn. Syst. nat. t. 1. p. 1716. 119.

Cistela fulvipes, Fabr. Ent. syst. t. 1.2. p. 44, 14. — *Id.* Syst. El. t. 2. p. 119. 13. — Panz. Ent. germ. p. 184. 9. — Payk. Faun. suec. t. 2. p. 122. 2. — Latr. Hist. nat. t. 11. p. 21. 8. — Illig. Mag. t. 3. p. 161. 13. — Schoenh. Syn. ins. t. 2. p. 334. 11. — Gyllenh. Ins. suec. t. 2. p. 623. 2. — Steph. Illustr. t. 5. p. 29. 3. — *Id.* Man. p. 328. 2569. — Curtis, Brit. Entom. t. 13. 594. 3. — de Casteln. Hist. nat. t. 2. p. 245. 2. — L. Redtenb. Faun. aust. p. 603. — Kuster, Kæf. Europ. 10. 72.

Crioceris erythropa, Marsh. Entom. brit. p. 223. 10.

Cistela rufipes, L. Duf. Excurs. entom. p. 70. 421.

α Elytres d'un fauve testacé ou d'un rouge ou roux testacé brunâtre, parfois avec la tête et le prothorax plus obscurs, d'autres fois avec celui-ci de même couleur.

Cistela ferruginea, Fabr. Entom. syst. t. 1. 2. p. 45. 17 — Panz. Ent. Germ. p. 185. 12. (Voy. Illiger, Magaz. t. 3 p. 161).

Allecula ferruginea, Fabr. Syst. el. t. 2. p. 22.4.

Cistela fulvipes, Illig. Mag. t. 3. p. 162. not.

Crioceris castanea? Marsh. Entom. brit. p. 233. 9.

Cistela badia, Latr. Hist. nat. t. 11. p. 22. 11 ?

Cistela castanea? Steph. Illust. t. 5. p. 29. — *Id.* Man. p. 328. 2568.

Cistela fulvipes, var α, Kust. l. c. 10. 72.

Long. 0,0072 à 0,0090 (3 1/4 à 4 l.). Larg. 0,0026 à 0,0031 (1 1/5 à 1 2/5 l.).

Corps oblong ou ovalairement oblong; médiocrement convexe; glabre; luisant ou brillant en dessus. *Tête* plus longue que large; offrant sa partie antérieure presque avancée en museau; densement ponctuée; sillonnée sur la suture frontale; ordinairement noire, parfois d'un brun rouge ou d'un rouge brun ou brunâtre : labre, palpes et autres parties de la bouche d'un rouge ferrugineux ou d'un brun rouge. *Antennes* subdentées chez le ♂, moins sensiblement chez la ♀; quelquefois noires ou d'un brun noir mat, avec le premier article d'un roux ferrugineux ou d'un fauve testacé, souvent entièrement de l'une de ces dernières couleurs. *Prothorax* tronqué en devant, avec les angles antérieurs émoussés ou subarrondis; élargi en ligne peu courbe jusqu'aux deux cinquièmes environ, puis plus faiblement en ligne à peu près droite jusqu'à l'extrémité; à angles postérieurs presque droits ou peu ouverts, à peine relevés, non courbés en arrière sur les angles huméraux des élytres; faiblement en arc dirigé en arrière et peu ou point sensiblement bissubsinueux, à la base; de deux tiers plus large à celle-ci qu'il est long sur son milieu; déclive aux angles de devant, presque plan à la base; très-étroitement rebordé à celle-ci et sur les côtés; densement et peu finement ponctué; en général, déprimé ou obsolètement marqué d'une fossette sur la moitié postérieure de la ligne médiane; ordinairement noté d'une fossette au devant de chaque quart externe de la base; souvent déprimé plus ou moins sensiblement près des bords latéraux, vers les trois cinquièmes de leur longueur; habituellement d'un noir verdâtre, parfois brun, d'un rouge brunâtre ou ferrugineux. *Ecusson* en triangle à côtés rectilignes, très-émoussé à l'extrémité : de la couleur des étuis. *Elytres* plus larges en devant que le prothorax, qui ne déborde pas leur calus huméral; subarrondies aux épaules; élargies en ligne presque droite jusqu'à la moitié ou aux trois cinquièmes de leur longueur, rétrécies ensuite en ligne courbe; près d'une fois plus larges qu'elles sont longues dans leur milieu; rebordées; médiocrement convexes; à fossette humérale ordinairement peu prononcée ou presque nulle; à neuf stries très-marquées et notées de points très-rapprochés, ne les débordant pas ou les débordant à peine : les quatrième et cinquième, plus courtes, convergeant postérieurement l'une vers l'autre, mais ordinairement non unies, encloses par les voisines, prolongées environ jusqu'aux cinq sixièmes de la longueur des étuis : la sixième, unie en devant à la cinquième, vers ou sur la fossette humérale; offrant une strie juxta-suturale rudimentaire prolongée jusqu'au cinquième de la longueur ; tantôt d'un noir verdâtre, tantôt d'un brun testacé ou d'un fauve ferrugineux ou testacé. *Intervalles* presque plans ; à peine ou non crénelés par les points des stries ; pointillés d'une manière à peine ruguleuse (ordinairement pas plus de deux petits points sur la largeur de chaque intervalle). *Repli* prolongé à peu près jusqu'à l'angle sutural. *Dessous du corps* variant du noir au roux testacé ; superficiellement pointillé sur les côtés de l'antépectus, ponctué sur les parties pectorales et moins grossièrement sur le ventre. *Prosternum* courbé longitudinalement, conformément aux hanches qu'il sépare, non prolongé après celles-ci à son extrémité. *Pieds* toujours d'un rouge testacé ou d'une nuance rapprochée.

Cette espèce se trouve sur divers végétaux. Elle habite principalement les parties tempérées ou froides de la France ; on la trouve dans les environs de Paris, dans les montagnes du Bugey, etc. Nous ne l'avons jamais prise dans les alentours de Lyon.

Obs. La couleur du corps varie suivant le développement de la matière colorante. D'un noir verdâtre et brillant dans l'état normal, elle se montre parfois d'un roux ferrugineux ou d'un roux testacé.

Genre *Cistela* (1), Cistèle; Fabricius.

(Etymologie obscure.)

Caractères. *Antennes* prolongées à peu près jusqu'aux trois cinquièmes (♀) ou aux quatre cinquièmes (♂) de la longueur du corps ; comprimées ; de onze articles : le onzième appendicé, ou rétréci vers son extrémité, et par là, paraissant formé de deux articles soudés; dentées en scie du quatrième au dixième : le troisième à peine aussi grand (♀) ou beaucoup plus court (♂) que les trois cinquièmes de la longueur du quatrième. *Dernier article des palpes maxillaires* à peine moins grand à son côté postéro-interne qu'à l'antéro-interne. *Tête* plus longue que large; un peu avancée en espèce de museau. *Prothorax* tronqué en devant; élargi en ligne courbe depuis les angles antérieurs jusqu'à ceux de derrière ; bissinué à la base, avec les angles postérieurs subacuminés et courbés en arrière sur les épaules ; presque aussi large à

(1) Fabricius, Systema Entomolog. p. 116.

la base que les élytres en devant. *Pieds* allongés. *Avant dernier article des tarses intermédiaires et postérieurs* non pourvus en dessous d'une sole membraneuse, s'avançant sous l'article suivant. *Ongles postérieurs* à huit dents environ, à chacune de leurs branches.

Obs. Le prothorax est encore tronqué en devant, et se rapproche ainsi de la silhouette d'un cône tronqué, plutôt que de la forme semi-orbiculaire ; mais il est bissinué à la base et ses angles se courbent sur les angles huméraux des élytres. Les antennes fortement dentées en scie, la brièveté de leur troisième article et la presque égalité des deux côtés internes du dernier article des palpes maxillaires, servent encore à distinguer ce genre du précédent.

1. **C. ceramboides** ; LINNÉ. *Noire ; garnie d'une pubescence fine et soyeuse. Elytres d'un roux jaune ou testacé ; à neuf stries ponctuées.*

♂. Front à peine aussi grand ou à peine plus grand dans son milieu que le tiers du diamètre tranversal d'un œil. Troisième article des antennes à peine moins court que le deuxième, plus court que le premier, égalant à peine ou n'égalant pas le tiers de la longueur du quatrième : les suivants, plus fortement dentés en scie que chez la ♀. Cinquième arceau ventral bissubsinueusement arqué à son bord postérieur. Sixième arceau souvent en partie apparent.

♀. Front égal, dans son milieu, à peu près au diamètre transversal d'un œil. Troisième article des antennes moins court que le premier, égal au moins à la moitié du quatrième. Cinquième arceau ventral en ogive à l'extrémité. Sixième arceau généralement indistinct.

Chrysomela ceramboides, LINN. Faun. suec. p. 173 576. — *Id.* Sys. nat. t. 1. 602. 117 — GOEZE, Ent. Beytr. t. 1. p. 297. 116 — SCHRANK, Enum. p. 95. 188. — DE VILL. C. LINN. Entom. t. 1, p. 166. 187.

La *Mordelle à étuis jaunes striés*. GEOFF. Hist. abr. t. 1. p. 354. 3.

Cistela ceramboides, FABR. Syst. Entom. p. 116. 3 — *Id.* Spec. t. 1 p. 147. 4. — *Id.* Mant. t. 1. p. 85. 5. — *Id.* Ent. syst. t. 1. 2. p. 42. 4. — *Id.* Syst. El. t. 2. p. 16. 1. — HERBST, *In* FUESSLY Arch. p. 64. 1. pl. 23. fig. 27. — *Id.* trad. fr. p. 115. 1. pl. 23. fig. 27. — PETAGN. Specim. p. 12. 56. — ROSSI, Faun. etr. t. 1. p. 101. 257. — *Id.* edit. HELW. t. 1. p. 108. 257. — OLIV. Ency. meth. t. 6. p. 5. 4. — *Id.* Entom. t. 3. n° 54. p. 4. 2. pl. 1. f. 4, a, b, — *Id.* Nouv. Dict. (1803) t. 5. p. 502. — *Id.* 2e edit ; (1817) t. 7. p. 155. — PANZER, Ent. Germ. t. 1. p. 183. 3. — CUVIER, Tabl. élement. p. 543. — PAYK. Faun. suec. t. 2. p. 121. 1. — WALCKEN. Faun. par. t. 1. p. 147. 1. — TIGNY, Hist. nat. t. 7. p. 169. pl. p. 156. fig. 4. — LATR. Hist. nat. t. 11. p. 20. 6. — *Id.*

Gen. t. 2. p. 226. 1. — *Id. in* CUVIER, Regn. anim. t. 3. p. 306. — *Id.* 2e edit, t. 4. p. 42. — SCHONH. Syn. ins. t. 2. p. 332. 1. — LAMARK. Anim. s. vert. t. 4. p. 383. 1. — GYLLENH. Ins suec. t. 2. p. 622. 1. — MULS. Lettr. t. 2. p. 290. 1. — STEPH. Illust. t. 5. p. 29. 1. — *Id.* Man. p. 327. 2567. — GUÉRIN, Dict. pittor. t. 2. p. 205. — CURTIS, Brit. entom. t. 13. 594. 6. fig. — SAHLB. Ins. fenn. p. 493. 1. — DE CASTEL. Hist. nat. t. 2. p. 245. 1. — LÉON DUFOUR, Excurs. entom. p. 70. 419. — L. REDTENB. Faun. aust. p. 602. — KÜSTER, Kæf. Europ. 10. 70.

Pyrochroa rufa, DE GEER, Mem. t. 5. p. 23. 3. pl. 1. fig. 20. 22. — RETZ. Gen. et Spec. p. 133. 821.

Mordella striata, FOURCR. Ent. par. t. 1. p. 162. 4.

Cryptocephalus (Cistela) ceramboides, GMEL. C. LINN. Syst. nat. t. 1. p. 1713. 95.

Crioceris ceramboides, MARSH. Ent. brit. t. 1. p. 222. 6.

Long, 0,0100 à 0,0115 (4 1/4 à 5 1/8 l.) Larg 0,0031 à 0,0036 (1 2/5 à 1 2/3 l.) ♂ — 0,0035 à 0,0045 (1 3 5 à 2 l.) ♀

Corps suballongé, elliptique ; médiocrement convexe ; garni d'une pubescence fine et soyeuse. *Tête* noire ; pointillée ; garnie d'une pubescence roussâtre, parfois peu apparente ; notée sur le milieu du front d'une fossette ponctiforme, ordinairement moins apparente chez la ♀. *Palpes* et *antennes* noirs : les premiers parfois bruns, ainsi que le labre : les secondes, dentées en scie. *Yeux* d'un noir brun ; saillants. *Prothorax* de moitié environ plus étroit que la tête dans son diamètre transversal le plus grand ; tronqué en devant ; élargi en ligne courbe jusqu'aux angles postérieurs ; bissinué à la base, avec la partie médiane plus prolongée en arrière que les angles : ceux-ci subacuminés, un peu courbés en arrière sur les épaules qu'ils embrassent faiblement ; très-étroitement rebordé en avant et en arrière, sans rebord sur les côtés, surtout sur la moitié antérieure de ceux-ci, dont l'arête est plus émoussée ; près d'une fois plus large à la base qu'il est long sur son milieu ; déclive à ses angles antérieurs ; plus médiocrement convexe d'avant en arrière ; noté souvent d'une faible dépression sur les côtés vers les angles postérieurs ; ruguleusement pointillé ; noir ; garni d'une pubescence roussâtre. *Ecusson* noir ; en triangle plus long que large, obtus à son extrémité. *Elytres* faiblement plus larges en devant que le prothorax à ses angles postérieurs ; quatre fois environ aussi longues que lui ; faiblement élargies jusqu'aux trois cinquièmes, rétrécies ensuite en ligne courbe ; une fois (♂) ou de trois quarts (♀) plus longues qu'elles sont larges dans leur milieu ; médiocrement ou peu fortement convexes ; d'un roux testacé ou testacées ; garnies d'une pubescence fine et soyeuse de même couleur ; à fossette humérale pro noncée ; à neuf stries distinctes, et ponctuées : les quatrième et cinquième ou cinquième et sixième variablement plus courtes et encloses par les voisines : les cinquième et sixième réunies en devant et aboutissant à la fossette humérale ; offrant en outre une strie juxta-suturale rudimentaire. *Intervalles* peu convexes, presque plans sur la seconde moitié ; ruguleusement pointillés. *Dessous du corps* noir ; pointillé ; finement pubescent. *Prosternum* courbé longitudinalement conformément aux hanches ; non prolongé après celles-ci à son extrémité. *Pieds* noirs ; tarses ordinairement moins obscurs à la base et plus clairs à l'extrémité.

Cette espèce se trouve, rarement en assez grande quantité, sur les fleurs de chêne, de châtaignier et de quelques autres arbres amentacés.

Obs. Sa larve vit dans les parties cariées ou mortes des mêmes arbres. On la trouve dans le chêne, le châtaignier.

Elle a été mentionnée et brièvement décrite pour la première fois par Olivier (Entom. t. 3 (1795) n[0] 64. p. 5. Elle a été décrite par M. Waterhouse (Transact. of the entomol. Soc. of Lond. t. 1 (1836) p. 28. pl. 4. fig. 2 a, b, c, d, e, détails.)— Westwood, Introd. to the mod. classif. (1835) 1. p. 311. fig. 36 n°s 7 à 12. — Heeger, Isis (1848) p. 982. — Voy. aussi Chapuis et Candeze, Catal. p. 177.

Voici la description de l'insecte à son état suivant :

Nymphe. *Corps* suballongé ; sensiblement arqué sur le dos ; subgraduellement rétréci depuis le tiers antérieur ou la moitié du prothorax. *Tête* inclinée. *Palpes maxillaires* parallèlement prolongés sur la partie sternale jusqu'à l'extrémité du médipectus. *Antennes* subfiliformes ; prolongées sur les côtés des parties pectorales, en passant sous les deux premières paires de pattes, puis recourbées en dedans vers l'extrémité, en s'appuyant sur les enveloppes des organes du vol. *Yeux* lunaires. *Prothorax* trapézoïde ; élargi d'avant en arrière ; à angles postérieurs très-prononcés. *Elytres* et *ailes* déhiscentes ; couchées sur les côtés de la poitrine et des premiers arceaux du ventre ; recouvertes par les deux premières paires de pattes, voilant les postérieures. *Abdomen* offrant sur le dos neuf arceaux apparents : les six premiers presque égaux ; munis de chaque côté d'un appendice tranchant, extérieurement coupé en ligne droite, munis à son angle antéro-externe d'une épine dirigée en avant, et à son angle postéro-externe d'une épine pareille dirigée en arrière : le septième de moitié plus grand que le précédent, muni près de son bord antérieur, d'une épine dirigée en avant, inerme à son bord postérieur : les huitième et neuvième inermes graduellement rétrécis : le huitième court : le neuvième très-court, inerme à son extrémité. *Pieds* allongés. *Cuisses* et *jambes* presque transversalement disposées, les intermédiaires plus saillantes en dehors que les postérieures : les antérieures débordant à peine les côtés du corps. *Tarses* subfiliformes ; longitudinalement prolongés d'une manière parallèle de chaque côté de la ligne médiaire du corps : les postérieurs, atteignant à leur extrémité le milieu du septième arceau.

Genre *Hymenalia*, Hyménalie.

Caractères. *Antennes* prolongées jusqu'aux deux tiers ou un peu plus (♀), ou jusqu'aux quatre cinquièmes environ (♂) de la longueur du corps ; comprimées ; subdentées (♂) ou presque filiformes (♀) ; de onze articles : le onzième appendicé ou rétréci vers son extrémité et paraissant par là, formé de deux articles soudés : le troisième à peine aussi grand (♀) ou beaucoup plus court que les trois cinquièmes de la longueur du quatrième. *Dernier article des palpes maxillaires* cultriforme ; de moitié au moins plus court à son côté postéro-interne qu'à l'antéro-interne. *Prothorax* à peu près semi-orbiculaire ; tronqué au devant de l'écusson et sinué de chaque côté de celui-ci ; au moins aussi large à sa base que les élytres en devant ; à angles postérieurs subacuminés ou un peu courbés en arrière sur les angles huméraux des élytres. *Pieds* assez allongés. *Avant dernier article de tous les tarses* pourvu en dessous d'une sole membraneuse s'avançant sous l'article suivant. *Ongles postérieurs* à six ou sept dents à chacune de leurs branches.

Obs. Le prothorax a pris ici la forme semi-orbiculaire, qu'il conservera dans les genres suivants ; mais il est déjà moins fortement bissinué à la base. Les antennes des Hyménalies se rapprochent de celles des Cistèles, quoique moins fortement dentées. Mais le dernier article des palpes maxillaires est plus nettement cultriforme, et l'avant dernier article de tous les tarses est pourvu d'une sole.

1. **H. fusca** ; Illiger. *D'un noir de poix ou d'un brun de poix luisant ; garni de poils fins, soyeux, couchés, d'un cendré flavescent, qui lui donnent une teinte d'un noir ou brun verdâtre, en dessus. Antennes et pieds d'un brun testacé ou d'un fauve ferrugineux. Elytres ruguleusement ou squammuleusement ponctuées ; à stries ponctuées : les deux ou trois juxta-suturales très-faibles en devant, prononcées postérieurement : les autres peu ou point distinctes en devant et sur les côtés.*

♂ Front à peine égal, dans son milieu, à la moitié du diamètre transversal d'un œil. Antennes subdentées; à troisième article plus court que le premier, à peine moins court que le deuxième, c'est-à-dire à peine égal au tiers de la longueur du quatrième. Sixième arceau ventral en partie apparent; terminé de chaque côté par une sorte de dent. Tarses antérieurs non dilatés; sans brosses en dessous.

♀ Front égal, dans son milieu, au moins au diamètre transversal d'un œil. Antennes subfiliformes; à troisième article moins court que le premier, égal environ aux trois cinquièmes du quatrième. Sixième arceau du ventre caché : le cinquième en ogive, offrant une dépression transversale.

Cistela rufipes, Fabr. Ent. syst. t. 1.2, p. 44. 13. — *Id*. Syst. Eleuth. t. 2. p. 19. 12. — Panz. Ent. Germ. p. 184. 8. — *Id*. Index entom. p. 134. 3. — Latr. Hist. nat. t. 11, p. 21. 9? — Schoenh. Syn. inst. t. 2, p. 324. 10. — Gyllenh. Ins. suec. t. 3, p. 714. — L. Redtenb. Faun. Austr. p. 603. — Küst. Kæf. Europ. 10. 73.

Cistela fusca, Illig. Beschr. einig. Kæfer *in* Schneider's N. Magaz. p. 610.16. — Panz. Faun. Germ. 25. 19. (♀). — *Id*. Ent. Germ. 186. 21. (Voy. Panzer, Kist. Revis. p. 90 et Illig. Magaz. t. 3, p. 161. 12.).

Long. 0,0100 à 0,0112 (4 1/4 à 5 l.). Larg. 0,0033 à 0,0036 (1 1/2 à 1 1/3 l.).

Corps oblong, ovalaire; brun ou d'un noir brun, mais garni de poils fins, soyeux, couchés et cendrés, qui lui donnent une teinte grise ou d'un gris verdâtre. *Tête* notée sur le milieu du front d'une fossette ponctiforme, ordinairement moins apparente chez la ♀. *Palpes* et *antennes* ordinairement d'un fauve testacé ou testacées. *Yeux* d'un brun noir; saillants. *Prothorax* arrondi ou subarrondi en devant et élargi en ligne courbe sur les côtés jusqu'aux angles postérieurs, offrant ainsi à peu près la figure semi-orbiculaire; tronqué au devant de l'écusson et sinué de chaque côté de cette troncature, ou, bissinué à la base, avec la partie intermédaire à peine plus prolongée en arrière que les angles : ceux-ci, subacuminés, un peu courbés en arrière sur les épaules, qu'ils embrassent faiblement; presque indistinctement rebordé ou sans rebord sensible, dans sa périphérie; une fois plus large à la base qu'il est long sur son milieu; déclive à ses angles antérieurs; plus médiocrement convexe d'avant en arrière; ruguleusement pointillé; brun noir, mais souvent d'une teinte moins obscure près des côtés; garni comme le reste du dessus du corps d'une pubescence grise. *Ecusson* en triangle un peu plus long que large, à côtés subcurvilignes;

ruguleusement ponctué; brun ou brun noir. *Elytres* à peine aussi larges en devant que le prothorax à ses angles postérieurs; près de trois fois aussi longues que lui; faiblement élargies jusqu'aux deux cinquièmes ou deux tiers de leur longueur, rétrécies ensuite en ligne courbe; de moitié (♀) ou de deux tiers (♂) plus longues qu'elles sont larges dans leur milieu; médiocrement ou peu fortement convexes; à fossette humérale peu apparente; pointillées d'une manière ruguleuse ou squammeusse; à neuf stries linéaires, très-légères ou parfois peu distinctes en devant et sur les côtés, plus marquées postérieurement : les quatrième et cinquièmes plus courtes et encloses par leurs voisines; offrant en outre une strie juxta-suturale rudimentaire. *Intervalles* plans en devant, convexiuscules postérieurement, au moins sur la moitié interne. *Dessous du corps* ordinairement brun ou d'un brun noir, parfois brun, d'un brun de poix, ou même d'une teinte plus claire, surtout sur le ventre; plus parcimonieusement pubescent que le dessus. *Pieds* d'un fauve testacé ou d'un roux testacé.

Cette espèce paraît habiter la plupart des provinces de la France. Elle n'est pas bien rare dans les environs de Lyon. On la trouve sur les fleurs de chênes et de pins ou sur les rameaux de ces arbres. Sa larve vit aux dépens des parties ligneuses de ces végétaux et de divers autres; en voici la description.

Larve allongée; cylindrique; à peau parcheminée; lisse, luisante, d'un livide tirant sur le roux fauve, avec la partie postérieure correspondant au pli, et le dernier anneau, moins clairs. *Tête* penchée; convexe; marquée d'une ligne longitudinale médiaire, naissant du bord postérieur, avancée jusqu'au tiers postérieur, bifurquée et prolongée ainsi jusqu'au bord antérieur; notée de deux points noirs (peut-être accidentels) situés chacun entre le milieu et le bord latéral, au niveau de la bifurcation de la ligne médiane. *Epistome* transverse, un peu rétréci d'arrière en avant. *Labre* en parallélipipède transverse. *Mandibules* non saillantes dans le repos; coriaces à la base, cornées et noires à l'extrémité, à pointe simple. *Mâchoires* à un lobe, garni de petites pointes ou poils épineux (5 ou 6). *Palpes maxillaires* coniques, de trois articles, palpes labiaux de deux articles. *Antennes* plus longuement prolongées que le bord antérieur du labre; de 4 articles; le premier basilaire, subglobuleux : le deuxième cylindrique, plus long; le troisième cylindrique, un peu plus long que le deuxième; le quatrième, très-court, grêle, aciculaire, terminé par un poil. *Corps* garni de poils clairsemés, peu apparents; de douze arceaux : le premier, un peu plus grand que le quatrième, moins d'une fois plus large que long;

le deuxième d'un quart ou d'un tiers plus court : le troisième un peu moins court ; les quatrième à dixième ou onzième presque égaux ; le douzième conique, faiblement plus long que le onzième ; offrant en dessous l'arceau inférieur en ogive étroite, prolongée jusqu'au quart ou au tiers basilaire, terminé par deux petits appendices coniques dépassant à peine la moitié de sa longueur. *Pieds* assez allongés, de cinq pièces : les troisième et quatrième plus longues ; la cinquième courte, terminée par un ongle grêle, aigu, une fois au moins plus long qu'elle ; ces pieds garnis de poils blonds, flexibles, ornés sur la troisième pièce et sous la base de la cinquième de poils, courts, épineux, formant presque l'effet d'un peigne. *Stigmates* au nombre de 9 paires : la première ou thoracique située près du bord antérieur du deuxième arceau, du côté externe des pieds : les autres, plus petits, sur le quatrième à onzième arceau.

M. Guillebeau et moi avons trouvé, en juillet, cette larve dans des troncs de marronniers, dont elle mange le bois. Elle a mis un an pour passer à son dernier état.

Obs. La sole membraneuse dont l'avant dernier article de tous les tarses est pourvu, distingue facilement cette espèce de toutes nos autres Cistélates indigènes, et suffit pour justifier la formation de la coupe nouvelle que nous avons créée.

M. le Dr Küster nous semble avoir fait erreur en rapportant aux variétés noirâtres de notre *Isomira murina*, la *Cistela fusca* d'Illiger et de Panzer. La figure donnée par ce dernier auteur (Faun. Germ. 25. 19), indique visiblement par sa taille et par les sinuosités de son prothorax notre *H. fusca*, quoique l'auteur dans sa description dise : *thorace semi-circulari, postice truncato*. D'ailleurs s'il faut en croire Panzer lui-même (Krit. Revis., p. 50), sa *Cistela fusca* est identique avec la *C. rufipes* de Fabricius. Illiger avait déjà émis la même opinion (Magaz. t. 3. p. 161) et la description qu'il a donnée de sa *Cistela fusca* (Schneid. Magaz. p. 610), ne laisse aucun doute sur l'identité de son espèce avec notre *Hymenalia*. On peut dire que c'est Illiger et Panzer qui ont réellement fait connaître l'espèce, et nous avons adopté le nom qu'ils lui ont donné, de préférence à celui de Fabricius, qui lui convient moins, et dont la description laisse beaucoup à désirer.

Genre *Isomira*, Isomire.

Caractères. *Antennes* prolongées jusqu'aux trois cinquièmes (♂) ou un peu moins (♀) de la longueur du corps ; subfiliformes, graduellement un peu plus épaisses vers l'extrémité ; peu ou point comprimées ; de onze articles : le premier, un peu renflé, moins court que le deuxième, mais beaucoup plus que le troisième : celui-ci presque aussi grand que le quatrième ; les troisième à dixième graduellement moins étroits depuis la base jusqu'à l'extrémité ; le dernier peu sensiblement appendicé, surtout chez la ♀. *Dernier article des palpes maxillaires* cultriforme ; moins grand à son côté antéro-interne qu'à l'externe ; beaucoup plus court à son côté postéro-interne qu'à l'antéro-interne. *Prothorax* semi-orbiculaire ; presque tronqué à la base, ou faiblement sinué vers chaque tiers de l'espace compris entre la ligne médiane et les angles postérieurs : ceux-ci offrant une tendance plus ou moins prononcée à se courber en arrière sur les épaules des élytres. *Avant dernier article des tarses* dépourvu en dessous d'une sole membraneuse s'avançant sous l'article suivant. *Ongles postérieurs* offrant chacune de leurs branches munie de cinq ou six dents, avec le quart ou le tiers basilaire sans dents.

Obs. Dans les espèces suivantes, le prosternum est encore arqué ou courbé longitudinalement et à peu près aussi élevé que les hanches qu'il sépare ; il ne dépasse pas à son extrémité le bord postérieur de l'arceau.

Dans ce genre, les antennes sont plus médiocrement prolongées, ne sont plus sensiblement comprimées ; leur troisième article est presque égal au quatrième. Le prothorax se rapproche davantage de la ligne droite à la base ou n'offre que des sinuosités peu marquées. L'avant dernier article des tarses n'a pas de sole membraneuse.

1. **I. antennata** ; Panzer. *Oblongue ; ruguleusement pointillée ; garnie en dessus de poils testacés, fins, courbés et peu serrés : ordinairement d'un fauve testacé, avec le dernier arceau du ventre obscur ou noirâtre, parfois noire en partie ou en totalité sur le ventre et sur la poitrine, et d'un fauve nébuleux ou obscur sur le prothorax et sur la moitié postérieure au moins de la tête. Prothorax tronqué sur les deux septièmes médiaires de la base, subsinué et déprimé vers chaque tiers externe de celle-ci, avec les angles à peu près aussi prolongés en arrière que cette troncature. Elytres*

à deux ou trois stries juxta-suturales, à peine striées sur le reste de leur surface.

♂ Yeux séparés par un espace de moitié plus large que le diamètre transversal de l'un d'eux. Quatrième article des antennes ovalairement renflé, sensiblement plus long que le troisième. Cinquième arceau ventral obtus à son extrémité : le sixième arceau parfois en partie plus ou moins apparent. Quatre premiers articles des tarses antérieurs garnis en dessous de duvet, en forme de brosse flexible ; sensiblement plus larges que les autres, mais d'une manière graduellement affaiblie, du premier au quatrième.

♀ Yeux séparés par un espace près d'une fois plus large que le diamètre transversal de l'un d'eux. Quatrième article des antennes semblable à ses voisins, à peu près de même longueur que le troisième ou à peine plus grand que lui. Cinquième arceau ventral en ogive : le sixième indistinct. Tarses antérieurs non dilatés, sans brosse en dessous.

Cistela antennata, PANZER. Faun. Germ. 57. 8. — SCHONH. Syn. Ins. t. 2. p. 336. 16.

Variations de couleur.

Obs. Ordinairement le dessus du corps est fauve, d'un fauve testacé ou d'un fauve un peu livide ; mais parfois la moitié ou les deux tiers postérieurs de la tête et le prothorax sont d'un fauve nébuleux ou obscurs. Les trois ou quatre derniers articles des antennes sont alors ordinairement bruns ou noirâtres. Le dessous du corps est parfois d'un rouge testacé sur la poitrine, testacé ou d'un fauve testacé sur le ventre, à l'exception du cinquième ou des quatrième et cinquième arceaux du ventre qui sont bruns ou noirs ; plus ceux-ci sont fortement colorés, plus les arceaux antérieurs sont d'une teinte claire. Mais souvent le ventre est entièrement noir ou brun. La poitrine alors tantôt conserve la couleur normale, tantôt adopte la livrée du ventre. Ces teintes foncées du dessous du corps se montrent ordinairement chez les individus dont le prothorax et la tête sont nébuleux ; mais elles ne sont pas la conséquence de cette variation et se rencontrent également lorsque le dessus du corps est à l'état normal de couleur.

Long. 0,0052 à 0,0056 (2 1/3 à 2 1/2 l.). Larg. 0,0018 à 0,0022 (3/4 à 1 l.).

Corps oblong ; ovalaire ; ruguleusement pointillé ; garni en dessus de poils fins, couchés, soyeux, assez courts, peu épais; ordinairement d'un fauve un peu livide ou d'un fauve testacé. *Tête* sillonnée sur la suture frontale; souvent un peu plus claire sur le labre et sur l'épistome que sur les parties postérieures. *Palpes* d'un fauve testacé; parfois en partie nébuleux, surtout sur le dernier article des maxillaires. *Antennes* prolongées jusqu'aux trois cinquièmes (♂) ou un peu moins (♀) de la longueur du corps; ordinairement d'un fauve testacé ou testacées. *Prothorax* presque en demi-cercle, c'est-à-dire arqué ou subarrondi en devant, élargi en ligne courbe jusqu'aux trois cinquièmes, puis faiblement rétréci en ligne un peu courbe; tronqué sur les trois septièmes médiaires de la base, subsinué de chaque côté de cette troncature, avec les angles postérieurs à peu près droits ou à peine courbés en arrière et presque ou à peu près aussi prolongés que les angles; à peine muni d'un rebord très-étroit sur les côtés et à la base; ce rebord souvent voilé par les poils, sur la partie tronquée de la base; une fois environ plus large à celle-ci qu'il est long sur son milieu; déclive à ses angles de devant, plus médiocrement convexe d'avant en arrière; marqué d'une manière ruguleuse ou subsquammeuse de points donnant chacun, comme ceux des autres parties du dessus du corps, naissance à un poil assez fin, luisant, couché, testacé ou d'un testacé flavescent; déprimé ou subsillonné sur le point le plus avancé de chaque sinuosité basilaire, c'est-à-dire vers chaque tiers externe de la base; offrant souvent sur la partie postérieure de la ligne médiane et sur une longueur variable, les traces plus ou moins apparentes d'un sillon, parfois réduit à une fossette antéscutellaire; paraissant ordinairement, soit naturellement, soit par l'effet des poils, légèrement entaillé à l'extrémité de la ligne médiane. *Ecusson* en triangle à peu près aussi long que large, obtus à son extrémité, à côtés un peu curvilignes; ruguleusement ponctué; d'un fauve testacé. *Elytres*, aux épaules, à peu près de la largeur du prothorax à ses angles postérieurs; trois fois et demie aussi longues que lui; faiblement élargies jusqu'aux trois cinquièmes, rétrécies ensuite en ligne courbe jusqu'à l'angle sutural; munies d'un rebord latéral assez étroit; médiocrement convexes; ruguleusement ponctuées et garnies de poils comme le prothorax; à neuf stries très-étroites, à peine distinctes en devant; les deux ou trois plus rapprochées de la suture plus apparentes, plus prononcées postérieurement: les autres, souvent peu distinctes: les quatrième et cinquième, plus courtes, à peine prolongées au delà des trois quarts, encloses par leurs voisines: la cinquième aboutissant en devant au milieu de la fossette humérale; notées en outre d'une strie juxta-suturale rudimentaire prolongée jusqu'au sixième ou au cinquième de la longueur; ordinairement un peu déprimées sur la suture, depuis l'écusson jusqu'à l'extrémité de la strie juxta-suturale. *Repli* prolongé ordinairement jusqu'à l'angle sutural. *Dessous du corps* pointillé; garni de poils plus clairsemés que le dessus; parfois brun ou noirâtre sur le dernier ou sur les deux derniers arceaux du ventre, testacé ou d'un fauve flave sur les arceaux précédents, d'un fauve ou d'un rouge testacé sur la poitrine : d'autres fois noir ou brun sur tout le ventre, brun ou d'un rouge testacé sur la poitrine. *Pieds* testacés, d'un fauve testacé ou d'un testacé flavescent.

Cette espèce habite nos provinces méridionales. On la trouve principalement en battant les haies.

Obs. Elle a beaucoup d'analogie avec l'*I. murina*. Elle s'en distingue par son prothorax et sa tête fauves, d'un fauve testacé ou au plus d'un fauve obscur ou nébuleux, et jamais bruns ou noirs; par son prothorax tronqué sur les deux septièmes médiaires de sa base, et plus visiblement sinué de chaque côté de cette troncature, garni de poils plus longs, moins fins, moins soyeux, paraissant entaillé à l'extrémité de la ligne médiane; par le repli de ses élytres ordinairement prolongé jusqu'à l'angle sutural et non réduit à une tranche près de cet angle. Le ♂, d'ailleurs, se distingue d'une manière très-frappante, au premier coup d'œil, par le renflement du quatrième article de ses antennes.

2. **I. murina**; Linné. *Oblongue; très-médiocrement convexe; rugu-leusement ou squammuleusement pointillée; garnie en dessus de poils cendrés, fins, couchés, soyeux et peu serrés; ordinairement noire ou d'un noir brun sur la tête, le prothorax, l'écusson et le dessous du corps (mais paraissant d'un noir verdâtre par l'effet du duvet), avec partie au moins de la base des antennes, les pieds et le plus souvent les élytres, testacés : ces dernières parfois noires; à deux ou trois stries juxta-suturales, peu distinctement striées sur le reste. Prothorax faiblement subsinué vers chacun des deux cinquièmes de l'espace compris entre le milieu de la base et les angles postérieurs.*

♂ Yeux un plus gros, séparés par un espace moins d'une fois plus large que le diamètre transversal de l'un d'eux. Cinquième arceau ventral obtus à son extrémité : le sixième ordinairement en partie apparent, marqué de deux fossettes, et plus avancé ou comme muni d'une dent à chacune de ses extrémités. Quatre premiers articles des tarses antérieurs garnis en dessous de duvet en forme de brosses flexibles ; sensiblement plus larges que les autres, mais d'une manière graduellement affaiblie, du premier au quatrième.

♀ Yeux séparés par un espace une fois plus large que le diamètre transversal de chacun deux. Cinquième arceau ventral en ogive : le sixième, indistinct. Tarses antérieurs non dilatés ; sans brosse, en dessous.

État normal. Front, prothorax, écusson, noirs ou d'un noir brun, mais paraissant d'un noir verdâtre ou d'un noir brun verdâtre, par l'effet du duvet : dessous du corps noir ou noir brun, luisant. Elytres et pieds testacés ou d'un fauve testacé.

Obs. Les palpes et les antennes sont d'une couleur variable. Les premiers sont ordinairement testacés ou d'un testacé nébuleux, avec le dernier article obscur, mais quelquefois celui-ci est-il lui-même testacé ; d'autres fois tous sont obscurs. Les antennes sont le plus souvent testacées depuis la base jusque vers la moitié, obscures ou noirâtres ensuite. Parfois les articles basilaires ne sont testacés chacun qu'à leur base, et obscurs ensuite ; plus rarement ils sont presque entièrement obscurs. Quelques exemplaires singuliers nous ont offert des antennes noires ou noirâtres dans leur première moitié, testacées dans la seconde.

Parfois le prothorax offre son rebord postérieur d'un fauve testacé plus ou moins clair ou plus ou moins obscur.

Chrysomela murina, Linn. Syst. nat. (1758) t. 1. p. 377. 75. — *Id.* (1767) p. 602. 118. — *Id.* Faun. suec. p. 173. 577. — Muller (P. L. S.), Linn. Natur. syst. t. 5. 1. p. 201. 118. — Goeze. Entom. Beytr. t. 1. p. 297. — *Id.* Faun. Eur. t. 8. p. 406. 6. — De Vill. Car. Linn. Entom. t. 1. p. 167. 188.

La Mordelle à étuis jaunes sans stries, Geoffr. Hist. abr. t. 1. p. 355. 4.

Cistela murina. Fabr. Syst. Entom. p. 117. 7. — *Id.* Spec. Ins. t. 1. p. 147. 9. — *Id.* Mant. Ins. t. 1. p. 85. 13. — *Id.* Ent. syst. t. 1. 2. p. 44. 16. — *Id.* Syst. Eleuth. t. 2. p. 19. 15. — Rossi, Faun. etr. t. 1. p. 102. 260. — *Id.* edit. Helwig, t. 1. p. 109. 260. — Oliv. Encyl. meth. t. 6. p. 5. 7. — *Id.* Entom. t. 3. n° 54. p. 7. 6. pl. 1. fig. 13. a. — *Id.* Nouv. dict. d'Hist. nat. (1803) t. 5. p. 502. — *Id.* (1817) t. 7. p. 155. — Panz. Ent. Germ. p. 185. 11. — Thunb. Descr. Ins. suec. *in* Act. Upsal. t. 5. p. 94. 12. — Payk. Faun. suec. t. 2. p. 126. 8. — Schrank. Faun. boic. t. 1. p. 566. 710. — Walck. Faun. par. t. 1. p. 148. 4. — Tigny, Hist nat. t. 7. p. 172. — Latr. Hist. nat. t. 11. p. 20. 7. — Schoeh. Syn. Ins. t. 2. p. 335. 13. — Gyllenh. Ins. suec. t. 2. p. 626. 4. — Dumeril, Dict. des sc. nat t. 9. p. 283. — Steph. Illustr. t. 5. p. 30. 4. — *Id.* Man. p. 328. 2571. — Curtis, Brit. Entomol. t. 13. 594. 2. — Sahlb. Ins. Fenn. p. 493. 2. — De Casteln. Hist. nat. t. 2. p. 246. 3. — L. Duf. Excurs. Entom. p. 70. 422. — L. Redtenb. Faun. aust. p. 603. — Küst. Kæf. Europ. 21. 19.

Anaspis murina, Muller, Zool. Dan. Prodr. p. 58. 512.
Cistela reppensis, Herbst, in Fuessly's Arch. p. 65. 6. pl. 23. fig. 32. — *Id.* trad. fr. p. 116. 6. pl. 23. fig. 32.
Mordella fulva, Fourcr. Ent. par. t. 1. p. 162. 4.
Cryptocephalus reppensis, Gmel. C. Linn. Syst. nat. t. 1.p. 1706. 103.
Chrysomela galii, Brahm, Insektenkal. t. 1. p. 100. 335.
Crioceris murina, Marsh. Ent. brit. p. 222. 7.

Var. α. *Dessus du corps, poitrine et pieds d'un rouge testacé. Ventre obscur ou d'un brun noir.*

Obs. Dans cette variété, la matière colorante noire a presque entièrement fait défaut. De tels individus sont très-rares, du moins dans les environs de Lyon. Peut-être quelques auteurs ont-ils confondu cette variété avec la ♀ de l'*I. antennata*.

Cistela evonymi, Fabr. Ent. Sys. t. 1. 2. p. 45. 20. — *Id.* Syst. Eleuth. t. 2. p. 20. 19. — Panz. Entom. germ. p. 185. 14. — *Id.*Faun. germ. 34. 7.
Cistela rufa, Towns. Voy. en Hong. t. 3. p. 171. 129. pl. 2. fig. 3.
Cistela murina, Schonh. l. c. v. γ. — L. Redtenb. l. c. var. (*evonymi*). — Küster, l. c. var. γ.

Var. β. *Partie postérieure de la tête au moins, prothorax, élytres et pieds, d'un rouge testacé. Dessous du corps noir.*

Cistela thoracica, Fabr. Entom. Syst. t. 1. 2. p. 45. 18. — *Id.* Syst. Eleuth. t. 2. p. 19. 16. — Panz. Entom. germ. p. 185. 13.
Cistela rubricollis, Panz. Faun. germ. 34. 9. (voyez Illig. Mag. t. 3. p. 162. 16. — Panzer, Krit. Revis. t. 1. p. 90.)
Cistela murina, Schonh. l. c. var. β. — L. Redtenb, l. c. var. (*thoracica*) — Küst. l. c. v. β.

Var. γ. *Partie postérieure de la tête, partie longitudinale médiaire et bord postérieur du prothorax, élytres, dessous du corps (moins le dernier arceau qui est noir) et pieds, d'un rouge testacé.*

Obs. Dans cette variété le prothorax se rapproche davantage de l'état normal, mais les élytres et les pieds ont perdu la teinte d'un flave testacé, pour passer au rouge testacé.

Var. δ. *Tête, prothorax et élytres, d'une teinte presque uniforme d'un fauve brunâtre ou d'un brun fauve. Dessous du corps noir. Pieds d'un flave testacé ou testacés.*

Obs. Dans cette variété la matière colorante noire au lieu de se concentrer sur la tête et le prothorax s'est partagée entre ces parties et les élytres ; ces dernières ont acquis en teinte plus foncée ce que les autres ont perdu.

Var. ι. *Dessus et dessous du corps noir. Pieds testacés ou d'un testacé nébuleux.*

Obs. Dans cette variété, la matière noire trop abondante ou ayant eu plus de liberté, a envahi tout le corps, à l'exception des pieds : ceux-ci sont d'un testacé de nuance variable. La bouche et la base des antennes sont aussi souvent testacées ou d'un rouge testacé ; mais ces parties, ont des teintes différentes suivant les variétés.

Cistela maura, Fabr. Ent. Syst. t. 1. 2. p. 45. 22. — *Id.* Syst. Eleuth. t. 2. p. 20. 21 (suivant une exemplaire observé par Gyllenhal dans la collection de Lund). — Panz. Entom. germ. p. 186. 19.
Crioceris fusca, Marsh. Entom. brit. p. 223. 8.
Cistela fusca, Steph. Illustr. t. 5. p. 30.
Cistela murina, Gyllenh. Ins. suec. 2. p. 626. 4. var. b. —Steph. Man. p. 328. 2571. var ? — Curtis, l. c. — Küster, l. c. var. α.

Obs. Illiger paraît rapporter la *C. maura* de Fabr. à la *Cistela brevis* de Panzer (*Mycethocares barbata* ♀). Ce dernier auteur adopte également cette opinion (Kist. Revis. p. 90). Suivant Gyllenhal, la *C. maura* serait une variété de la *C. murina*.

Long. 0,0050 à 0,0056 (2 1/4 à 2 1/2 l.) Larg. 0,0024 à 0,0028 (1 1/8 à 1 1/4 l.)

Corps ovalaire ; très médiocrement convexe ; ruguleusement pointillé : garni en dessus de poils fins, couchés, soyeux, assez courts, peu épais, cendrés ou d'un cendré testacé. *Tête* sillonnée sur la suture frontale ; ordinairement d'un noir brun, au moins sur le front, mais paraissant d'un noir brun verdâtre, par l'effet du duvet : labre souvent moins obscur. *Palpes* de couleur variable. *Antennes* prolongées environ jusqu'aux trois cinquièmes (♂) ou jusqu'à la moitié (♀) de la longueur du corps ; de couleur variable, ordinairement en partie au moins d'un testacé ou d'une nuance rapprochée, dans leur première moitié, obscures ou noirâtres, dans la seconde. *Prothorax* presque en demi cercle, c'est-à-dire arqué ou subarrondi en devant, élargi en ligne courbe jusqu'aux trois cinquièmes, puis presque parallèle ou à peine rétréci d'avant en arrière ; à angles postérieurs presque rectangulairement ouverts ; presque en ligne droite à la base, ou plutôt faiblement subsinué vers chacun des deux cinquièmes de l'espace compris entre le milieu et les angles postérieurs ; muni d'un rebord très-étroit à la base et sur les côtés ; d'un cinquième environ plus large à son bord postérieur qu'il est long sur son milieu ; déclive à ses angles de devant, plus faiblement convexe d'avant en arrière ; marqué d'une manière ruguleuse ou subsquammeuse de points donnant chacun, comme ceux des autres parties du dessus du corps, naissance à un poil fin, luisant, couché, cendré ou cendré flavescent; offrant souvent sur le dernier tiers ou sur la moitié postérieure de la ligne médiane les traces plus ou moins sensibles d'une raie ou d'un léger sillon; ordinairement d'un noir brun, mais paraissant d'un noir brun verdâtre par l'effet du duvet, souvent d'un testacé plus ou moins obscur sur le rebord basilaire ou sur une partie plus étendue de sa surface. *Ecusson* en triangle presque aussi long que large ; obtus à son extrémité, à côtés un peu curvilignes ; ruguleusement ponctué ; généralement de la couleur des étuis. *Elytres*, aux épaules, à peine aussi larges que le prothorax à ses angles postérieurs ; près de trois fois aussi longues que lui ; faiblement élargies jusqu'aux deux tiers ou aux trois cinquièmes (♂) ou jusqu'à la moitié ou aux quatre septièmes (♀), rétrécies ensuite en ligne courbe jusqu'à l'angle sutural ; munies d'un rebord latéral assez étroit ; médiocrement ou très-médiocrement convexes ; ruguleusement ou squammuleusement ponctuées et garnies de poils semblables à ceux du prothorax, mais variant un peu de nuances, suivant la couleur des élytres, ordinairement d'un cendré flavescent ou testacés sur les élytres de cette couleur, cendrés sur les élytres obscures; offrant près de la suture ordinairement deux, plus rarement trois stries , graduellement plus prononcées vers l'extrémité, généralement sans stries bien distinctes, sur le reste de leur surface, à l'exception de la strie attenante au rebord, ou n'offrant que des traces plus ou moins superficielles des autres stries. *Repli* réduit à une tranche près de l'angle sutural. *Dessous du corps* pointillé ; garni de poils plus clairsemés que le dessus ; noir ou d'un noir brun, luisant. *Pieds* garnis d'un duvet fin et peu épais; ordinairement d'un flave testacé, parfois d'un testacé nébuleux.

Cette espèce paraît habiter toute les provinces de la France. On la trouve communément au printemps sur les fleurs des haies, sur les ombelles, etc.

Obs. Les variétés noires, d'un noir brun ou d'un brun noir, à teinte souvent un peu verdâtre par l'effet des poils, sont plus particulières aux provinces méridionales ou d'une douce température.

A l'une de ces variétés noires, d'une taille à peine moins petite, et qu'on trouve dans les parties montagneuses du midi, ordinairement sur les fleurs du *Laserpicium gallicum*, paraît se rattacher la

Cistela oblonga, Küster, Kaef. Europ. 20. 76 M. Küster rapporte à l'insecte qu'il a décrit la *Cistela oblonga* d'Olivier ; c'est une erreur. Le type de l'insecte décrit sous ce nom dans le t. 3. de l'Entomologie, a passé sous nos yeux; il appartient à la *Podonta nigrita*.

3. **I. hypocrita.** *Suballongée ; très-médiocrement convexe ; ruguleusement pointillée ; garnie de poils fins, soyeux, couchés, cendrés ; noire ou d'un noir verdâtre, avec les pieds et ordinairement les élytres fauves ou d'un fauve testacé (les élytres parfois noires), à stries légères : les deux juxtasuturales plus marquées, surtout postérieurement. Prothorax légèrement bissinué à la base ; marqué d'une fossette au devant de chaque sinuosité ; noté, de chaque côté de la ligne médiane, vers les trois cinquièmes de la longueur, d'une autre fossette ponctiforme.*

♂ ♀ } Mêmes caractères distinctifs que dans l'*I. murina*.

État normal. Noire, élytres et pieds fauves.

Variations de couleur.

Var. *α*. Dessus du corps entièrement noir, d'un noir brun ou d'un noir ou noir brun un peu verdâtre par l'effet des poils.

Long. 0,0067 à 0,0070 (3 à 3 1/8 l.) Larg. 0,0033 (1 1/2 l.)

Elle a été prise dans les environs de Briançon par M. le capitaine Godart ; dans les montagnes du Bugey par M. Rey ; en Suisse, par MM. Guillebeau et Perroud.

Obs. Cette espèce diffère de l'*I. murina*, avec laquelle elle a la plus grande analogie, par sa taille plus avantageuse ; par son corps proportionnellement plus allongé et plus parallèle. Par ses palpes et ses antennes noirs ou obscurs. Par son prothorax moins visiblement tronqué ou plus sensiblement bissinué à la base, et offrant, par suite de cette disposition, quelque tendance à se courber sur les angles huméraux des étuis, montrant les angles de derrière plus vifs et moins rectangulaires que chez la *murina* ; noté au devant de chaque sinuosité (c'est-à-dire vers chacun des deux cinquièmes de l'espace compris entre le milieu de son bord postérieur et les angles de derrière) d'une fossette parfois peu distincte, ordinairement très-apparente, surtout quand on regarde l'insecte d'avant en arrière, quelquefois prolongée en une sorte de petit sillon obliquement transverse ; marqué de chaque côté de la ligne médiane, vers les deux tiers de l'espace compris entre cette ligne et le bord externe, vers les trois cinquièmes de sa longueur, d'une fossette ponctiforme, généralement plus grosse et plus profonde que les basilaires. Par ses élytres offrant toutes les stries ou du moins les cinq premières distinctes sur toute leur longueur.

Mais chez quelques individus ces caractères se trouvent plus ou moins affaiblis. Ainsi, les antennes au lieu d'être complètement noires, montrent la moitié inférieure de leurs articles, fauve. Les palpes affectent avec plus de constance la couleur noire. Les sinuosités de la base du prothorax se montrent plus ou moins insensibles ; les fossettes basilaires s'effacent ; les autres même disparaissent. Les stries des élytres s'affaiblissent parfois au point de ne pas offrir de différence avec certains exemplaires de la *murina*, chez lesquels elles sont moins indistinctes que chez les autres. La taille seule, généralement d'un cinquième plus grande, et le corps proportionnellement plus étroit, sont alors les seuls signes servant à séparer, de l'espèce précédente, ces individus équivoques.

Néanmoins, pour ceux qui ont fait une étude sérieuse des insectes, et qui ont pu voir par quelles transitions souvent insensibles la Nature passe souvent d'une espèce à une autre, et quelles différences légères séparent souvent les espèces, dans cette Tribu, l'*I. hypocrita* restera spécifiquement distincte de la *murina*.

Genre *Eryx*, Eryx ; Stephens (1).

(*Eryx*, nom mythologique.)

Caractères. *Antennes* prolongées environ jusqu'à la moitié du corps (♂) ou un peu moins (♀) ; subfiliformes ou légèrement et graduelle-

---

(1) Steph. Illustr. t. 5 (1832) p. 24 et 27. genre 441.

Genre *Prionychus*, Solier, Prodrome, etc. *in*. Ann. de la Soc. Entom de Fr. t. 4 (1834) p. 237.

Latreille ayant à tort rattaché l'*Helops ater*, Fabr. au genre *Amarygmus*, Dalman (Analecta entomol. (1823) p. 60), Solier a donné ce genre *Amarygmus* comme synonyme de la coupe qu'il établissait sous le nom de *Prionychus* ; c'est une erreur : le genre *Amarygmus* n'appartient pas à cette famille.

ment plus grosses vers la moitié de leur longueur, faiblement et progressivement rétrécies de là à l'extrémité; de onze articles : le premier un peu renflé, moins court que le deuxième : les quatrième à dixième, grossissant un peu chacun de la base à l'extrémité : le dernier, appendicé, c'est-à-dire paraissant composé de deux articles soudés. *Dernier article des palpes maxillaires* cultriforme, un peu plus grand au côté externe qu'à l'antéro-interne, beaucoup plus court au postéro-interne; celui-ci transverse ou peu oblique. *Palpes labiaux* à dernier article presque triangulaire. *Prothorax* semi-orbiculaire ; bissinué à la base, avec les angles postérieurs sensiblement couchés en arrière sur les angles huméraux des élytres. *Repli* de celles-ci prolongé presque jusqu'à l'angle sutural. *Prosternum* séparant, en général, complètement les hanches de devant. *Pieds* médiocres. *Avant dernier article* de tous les tarses pourvu en dessous d'un sole membraneuse s'avançant sous l'article suivant. *Ongles postérieurs* munis à chaque branche de cinq ou six dents, avec la base des dites branches inerme.

1. **E. atra** ; Fabricius. *Ovalaire ; médiocrement convexe ; d'un noir un peu luisant ; ruguleusement ou squammuleusement ponctué et garni en dessus de poils obscurs, mi-couchés ; base des antennes et partie des pieds, souvent moins obscures. Elytres à stries médiocres et ponctuées. Intervalles peu convexes. Prosternum comprimé et prolongé un peu après les hanches, coupé verticalement à son extrémité.*

♂. Corps proportionnellement moins large, plus luisant. Antennes moins épaisses, à dernier article au moins une fois et demie plus long qu'il est large vers la moitié de sa longueur. Prothorax ordinairement plus finement ponctué. Elytres subparallèles ou à peines élargies jusques vers les deux tiers de leur longueur ; de deux tiers au moins plus longues qu'elles sont larges prises ensemble ; marquées de points un peu plus rapprochés ; à stries ordinairement plus faibles ou moins prononcées. Dernier arceau ventral arrondi.

♀. Corps proportionnellement plus large, moins convexe, plus mat. Dernier article des antennes une fois environ plus long qu'il est large vers le milieu de sa longueur. Prothorax plus grossièrement ponctué. Elytres offrant vers la moitié de leur longueur leur plus grande largeur; de deux cinquièmes plus longues qu'elles sont larges réunies ; marquées de points moins rapprochés, parce que leurs intervalles sont plus larges ; le troisième ordinairement près de moitié plus grand que le premier, vers le cinquième de sa longueur ; dernier arceau ventral très légèrement tronqué à son extrémité.

Helops ater, FABR. Syst. entom. p. 258. 7. — *Id.* Spec. ins. t. 1. p. 326. 11. — *Id.* Mant. ins. t. 1. p. 224. 15. — *Id.* Entom. Syst. t. 1. 2. p. 121. 21. — *Id.* Syst. Eleuth. t. 1. p. 161. 37. — OLIV. Ency. meth. t. 7. p. 48. 15. — *Id.* Entom. t. 9. n° 58. p. 15. 19. pl. 2. fig. 10 (♂). — *Id.* Nouv. Dict. d'Hist. nat. (1803) t. 10. p. 47. — *Id.* (1817) t. 14. p. 298. — PANZ. Ent. germ. p. 43. 6. — *Id.* Faun. germ. 50. 3. — STURM, Verzech. p. 36. pl. 1. fig. 1. *a*, palpe ; *b*, antenne. — *Id.* Deutsch. Faun. t. 2. p. 262. 5. — PAYK. Faun. suec. t. 1. p. 95. 3. — WALCK. Faun. par. t. 1. p. 36. 2. — TIGNY, Hist. nat. t. 7. p. 201. — LATR. Hist. nat. t. 10. p. 347. 5. — *Id.* Gen. t. 2. p. 190. 5. — SCHONH. Syn. in. t. 1. 161. 38. — GYLLENH. Ins. suec. t. 2. p. 537. 1. — DUFTSCH. Faun. austr. t. 2. p. 280. 4. — J. F. KYBER, *in* GERMAR's magaz. t. 2. p. 21. pl. 1. fig. 11. — DUMÉRIL, Dict. des sc. nat. t. 20. p. 505. — BRULLÉ, Expéd. scient. de Morée (Insectes) 224. 384. — SAHLB. Ins. fenn. p. 455. 1. — DE CASTELN. Hist. nat. t. 2. p. 336. 10.

Pyrochroa nigra, DE GEER, Mem. t. 5. p. 25. 4. pl. 1. fig. 23. 24.

Pimelia atra, GMEL. C. LINN. Syst. nat. t. 1. p. 2011. 75.

Tenebrio ater, DE VILLERS, t. 4. p. 359. 28.

Cistela atra, OLIV. Entom. t. 3. n° 54. p. 11. 15. pl. 2. fig. 16. (♀). — KÜST. Kæf. Eur. 10. 71.

Amarygmus ater, LATR. *in* Regn. anin. de CUV. (1829) (partie entomol.) t. 2. p. 38. note.

Eryx niger, STEPH. The nomencl. of. brit. ins. (1833) p. 84.

Eryx nigra, STEPH. Illustr. t. 5. p. 441. 1. — *Id.* Mant. p. 327. 2565.

Cistela nigra, CURTIS, Brit. Entom. t. 13. 594.

Prionychus ater, SOLIER, Prodr. de la Fam. des Xystrop. *in* Ann. de la Soc. Entom. de Fr. t. 4. (1834) p. 328. — L. REDTENB. Faun. austr. p. 602.

Long. 0,0100 à 0,0123 (4 1/2 à 5 1/2 l.) Larg. 0,0052 à 0,0056 (2 1/3 à 2 1/2 l.) ♂ — 0,0059 à 0,0067 (2 2/3 à 3 l.) ♀

Corps oblong ; ovalaire ; médiocrement ou peu fortement convexe ; d'un noir un peu luisant ; marqué de points paraissant un peu ruguleux ou subsquammeux, donnant chacun naissance à un poil obscur, mi-couché. *Tête* creusée d'un sillon transverse sur la suture frontale ; souvent notée d'une fossette légère sur le milieu du front. *Labre* et *palpes* noirs ou bruns. *Antennes* souvent noires, parfois moins obscures au moins vers la base ou dans leur première moitié. *Prothorax* à peu près en demi-cercle, c'est-à-dire arqué ou subarrondi en devant, et élargi sur les côtés en ligne courbe jusqu'aux angles postérieurs ; une fois environ plus large à la base qu'il est long sur son milieu ; tronqué au devant de l'écusson, et sinué de chaque côté de cette troncature, puis offrant une ligne presque droite ou un peu courbée en arrière sur le reste de son bord postérieur ; moins prolongé en arrière aux angles qu'à la partie médiane de celui-ci ; muni sur les côtés et à la base d'un rebord très-étroit, ordinairement peu distinct sur la troncature ; déclive aux angles de devant, graduellement moins convexe d'avant en arrière ; parfois à peine déprimé au devant de chaque sinuosité ; ponctué et garni de poils, comme le reste du dessus du corps. *Ecusson* en triangle à peu près aussi long qu'il est large à sa base, à côtés un peu curvilignes. *Elytres* très-faiblement plus larges en devant que le prothorax à ses angles postérieurs ; un peu émoussées aux épaules ; subparallèles ou à peines élargies jusqu'à la moitié (♀) ou au deux tiers (♂), rétrécies en ligne courbe après ce point ; rebordées ; médiocrement ou peu fortement convexes; ruguleusement ponctuées et garnies de poils obscurs, mi-couchés ; à fossette humérale peu profonde ; à neuf stries assez faibles en devant, plus prononcées postérieurement; les quatrième et cinquième plus courtes et encloses par leurs voisines : les cinquième et sixième, très-rapprochées en devant, aboutissant à la fossette humérale; offrant en outre une strie juxta-suturale prolongée jusqu'au quart de la longueur ; souvent subdéprimées sur la suture (surtout chez le ♂) depuis l'écusson jusqu'à l'extrémité de cette strie rudimentaire. *Intervalles* presque plans en devant, peu convexes postérieurement. *Dessous du corps* d'un noir plus luisant ; garni de poil obscurs, plus fins et plus clairsemés ; ponctué plus finement sur le ventre et sur les côtés de l'antépectus que sur les autres parties pectorales. *Prosternum* comprimé et prolongé un peu après les hanches, à son extrémité. *Pieds* ordinairement noirs, avec l'extrémité ou même la totalité des tarses, moins obscure, brune ou d'un brun fauve : jambes et plus rarement cuisses brunes ou d'une teinte moins obscure.

Cette espèce est crépusculaire et nocturne. Elle paraît habiter toutes les parties de la France. On la trouve à partir de la fin de mai jusqu'à la fin au moins de juillet, sur les chênes, les charmes, les châtaigniers, les peupliers, les saules, etc.

Sa larve n'est pas rare dans les parties mortes ou altérées du tronc ou de la souche des mêmes arbres. Elle a été décrite ou figurée par divers auteurs.

J. F. Kyber, *in* Germar's Magaz. t. 2. p. 16. pl. 1. fig. 7 et 8. — Bouché, Naturg. d. Insekt. p. 194. pl. 9. fig. 23, larve, fig. 24, 25, 26, 28, 29, 32, détails. — Watherhouse, *in* Trans. of the entom. Soc. of London, t. 1. p. 27. pl. 4. fig. 1. *a*, larve ; fig. *b* à *o* détails. — Perris, *in* Ann. des Sc. nat. 2e série, t. 14. p. 83. à 86. pl. 3. fig. 6. larve ; fig. 8, 9 et 10, détails. — Chapuis et Chandèze, Catal. pl. 6. fig. 7.

Cette larve rapprochée, par sa forme, de celle des Latigènes, après une vie vermiforme d'une dizaine de mois, pendant laquelle elle change plusieurs fois de peau, se construit, avec les parties végétales réduites en vermoulure plus ou moins fine, et agglutinée à l'aide d'une matière visqueuse qu'elle a la faculté de sécréter, une coque ovoïde, épaisse, raboteuse en dehors, unie en dedans, dans laquelle elle se transforme en nymphe. Celle-ci a les côtés de l'abdomen munis de tranches dentelées, destinées à favoriser les changements de position de l'animal dans sa coque. Voyez pour la nymphe :

Kyber, l. c. pl. 1. fig. 9, (représentée couchée sur le dos et vue de côté de l'abdomen); fig. 10, (vue en sens contraire). — Bouché, l. c. pl. 9. fig. 30, (vue du côté du dessous du corps) ; fig. 31, (vue du côté du dos). — Perris, l. c. pl. 3. fig. 11, (vue du côté du dessous du corps) ; fig. 12, détails ; fig. 13, coque.

Obs. La ♀ de l'*E. atra*, par son corps plus large et moins convexe, sa ponctuation et sa pubescence moins serrée, sa couleur plus mate, offre souvent, avec le ♂, assez de différence pour paraître au premier coup-d'œil constituer une espèce particulière. Peut-être faut-il rapporter à de tels individus le

Pryonychus melanarius, Küst. Kæf. Europ. 21. 89.

PREMIÈRE FAMILLE.

LES OMOPHLIENS.

Caractères. *Ventre* de six arceaux apparents. *Mandibules* à extrémité entière. *Dernier article des palpes maxillaires* plus gros que le précédent. *Antennes* insérées un peu plus avant que la partie la plus avancée des yeux ; tantôt subfiliformes, tantôt graduellement un peu plus grosses dans leur seconde moitié ; à troisième article aussi grand ou plus grand que le quatrième. *Hanches antérieures et intermédiaires* plus ou moins fortement en cône obtus, comprimant les pro et mésosternum : les hanches antérieures rendant le prosternum souvent indistinct entre elles. *Pieds* garnis ordinairement, au moins sur les arêtes des jambes intermédiaires et postérieures et sous les tarses postérieurs, de poils rigides ou spinosules. *Premier article des tarses postérieurs* au moins aussi long que les deux suivants réunis. *Ongles* offrant habituellement huit à douze dents à chacune de leurs branches.

Obs. Chez toutes les espèces suivantes le troisième article est dépourvu en dessous d'une sole membraneuse.

Les espèces se répartissent dans les genres suivants :

				Genres.
Repli des élytres	prolongé presque jusqu'à l'angle sutural.	Prothorax presque en demi-cercle ; à angles postérieurs courbés en arrière sur les angles huméraux des étuis. Troisième article des antennes d'un quart environ plus long que le quatrième. Elytres à peine plus larges en devant que le prothorax. Prosternum séparant ordinairement les hanches.		*Podonta.*
		Prothorax n'offrant pas ses angles postérieurs courbés sur les angles huméraux des élytres.	Antennes grêles, à peu près filiformes ; à troisième article à peine plus grand que le quatrième. Côté antéro-interne du dernier article des palpes maxillaires aussi long que les trois quarts du postéro-interne.	*Cteniopus.*
			Antennes plus grosses dans leur seconde moitié. Palpes maxillaires tronqués à l'extrémité, offrant cette partie tronquée ou le côté antéro-interne de leur dernier article, à peine de moitié aussi long que le postéro-interne.	*Heliotaurus.*
	réduit à une tranche depuis les hanches postérieures ou peu après. Antennes plus grosses dans leur seconde moitié. Dernier article des palpes maxillaires tronqué ou peu obliquement coupé à l'extrémité.			*Omophlus.*

Genre, *Podonta* ; Podonta (1).

(πούς-ποδός, pieds ; ὀδούς-όντος, dent.)

Caractères. *Repli des élytres* prolongé jusqu'à la partie postéro-externe des étuis, c'est-à-dire graduellement et assez faiblement rétréci jusqu'à son extrémité. *Dernier article des palpes maxillaires* obliquement

(1) Ce nom a été indiqué par Solier ; mais cette coupe repose sur des caractères différents de ceux qu'il avait adoptés.

tronqué à l'extrémité ; offrant leur côté antéro-interne à peu près aussi long que les trois-quarts du postéro-interne. *Antennes* grossissant faiblement du sixième au dixième article ; à troisième article d'un quart environ plus grand que le quatrième. *Prothorax* subarrondi et déclive à ses angles de devant, paraissant par là plus rapproché du demi-cercle que du carré transversal ; à angles postérieurs courbés en arrière sur les angles huméraux des étuis. *Elytres* à peine aussi larges ou faiblement plus larges en devant que le prothorax à ses angles postérieurs. *Pieds* assez allongés. *Corps* longitudinalement arqué.

1. **P. nigrita** ; Fabricius. *Oblongue ; assez étroite, médiocrement convexe ; très-noire, luisante ; finement pointillée, et garnie de poils noirs, fins, couchés, médiocrement apparents. Prothorax sensiblement déprimé derrière les yeux ; bissinué à la base. Elytres obtusément arrondies chacune à l'extrémité ; à stries ponctuées légères : les trois ou quatre internes plus prononcées postérieurement. Prosternum comprimé, séparant les hanches jusqu'à l'extrémité.*

♂. *Corps* proportionnellement plus étroit. Antennes prolongées jusqu'à la moitié de la longueur du corps. Elytres un peu moins larges en devant que le prothorax à ses angles postérieurs : sixième arceau ventral creusé sur toute sa longueur de deux enfoncements profonds séparés par une carène tranchante, ordinairement bifurquée en arrière vers le cinquième arceau. Dernier article des tarses antérieurs arqué, dilaté, anguleux ou offrant sa plus grande largeur près de l'extrémité de son côté interne. Peigne de la branche externe des mêmes tarses graduellement élargi dans son milieu.

Obs. Quelquefois le dernier article des tarses est à peine arqué et peu sensiblement anguleux.

♀. Corps proportionnellement moins étroit. Antennes moins longuement prolongées que la moitié de la longueur du corps. Elytres au moins ou à peu près aussi larges aux épaules que le prothorax à ses angles postérieurs. Sixième arceau ventral à peine marqué d'une fossette légère, de chaque côté de la ligne médiane ; faiblement échancré à son extrémité. Dernier article des tarses antérieurs et ongles des mêmes tarses, de forme normale.

Cistela nigrita, Fabr. Entom. Syst. t. 4. Appendix p. 447. 21—22. — *Id.* Syst. Eleuth. t. 2. 20. 20. — Panzer, Entom. germ. p. 187. 23. — Schoenh. Syn. Ins. t. 2. p. 337. 23. — Steph. Man. p. 328. 2570.

Long. 0,0078 à 0,0090 (1 1/2 à 2 l.). Larg. 0,0033 à 0,0039 (1 1/2 à 1 3/4 l.).

Corps oblong, ou suballongé ; médiocrement convexe, arqué longitudinalement ; d'un noir luisant ; garni en dessus de poils fins, soyeux, obscurs, couchés, peu épais et médiocrement apparents. *Tête* enfoncée dans le prothorax presque jusqu'aux yeux ; presque en triangle, plus long que large ; penchée ; finement ponctuée ; rayée sur la suture frontale d'un sillon transversal ou un peu arqué en arrière ; notée d'une légère fossette sur le milieu du front ; entièrement noire, ainsi que les parties de la bouche. *Palpes* à dernier article obliquement tronqué à l'extrémité ; à côté antéro-interne beaucoup plus court que le postéro-externe. *Yeux* bruns ou d'un brun rouge (au moins après la mort) ; saillants sur les côtés de la tête ; presque orbiculaires, peu échancrés en devant. *Antennes* prolongées environ jusqu'à la moitié (♂) ou un peu moins (♀) de la longueur du corps ; graduellement subcomprimées et grossissant sensiblement à partir du sixième article ; à dernier article subappendicé et rétréci en pointe à son extrémité. *Prothorax* tronqué en devant, à angles antérieurs subarrondis, déclives et invisibles quand l'insecte est vu perpendiculairement en dessus ; paraissant, par là, presque en demi-cercle ; élargi en ligne courbe jusqu'à la moitié ou un peu plus, puis faiblement élargi presque en ligne droite ; assez faiblement bissinué à la base, avec la partie médiaire un peu arquée en arrière, et les angles postérieurs courbés en arrière et au moins aussi prolongés que la partie médiaire ; à bord latéraux tranchants et à peu près sans rebord, muni, sur les deux tiers médiaires de sa base, d'un rebord très-étroit qui s'oblitère vers les angles postérieurs ; de moitié plus large à son bord postérieur qu'il est long sur son milieu ; plus médiocrement convexe d'avant en arrière ; noir ; marqué de points fins et ruguleux ou presque squammiformes ; ordinairement marqué d'une légère dépression longitudinale ou un peu courbée en dedans, près des bords latéraux, depuis la moitié de la longueur jusque près des angles postérieurs ; noté d'une dépression en devant, derrière les yeux, et d'une autre moins sensible, au devant de la base, vers la moitié de la largeur de chaque élytre. *Ecusson* noir ; ruguleusement ponctué ; subarrondi postérieurement. *Elytres*, en devant, à peine aussi larges (♂) que le prothorax à ses angles postérieurs, à peu près aussi larges que lui (♀) ; trois fois ou trois fois et demie aussi longues que lui ; de moitié ou des deux tiers plus longues qu'elles sont larges dans leur milieu, prises ensemble ; presque parallèles jusqu'aux trois cinquièmes, rétrécies ensuite en ligne peu courbe, obtuses ou obtusément arrondies, chacune à l'extrémité ; munies latéralement d'un rebord tranchant et visible quand l'insecte est vu en dessus ; médiocrement convexes, surtout sur le dos ; creusées d'une fossette humérale ; noires ; marquées, comme le prothorax, de points assez petits, ruguleux ou subsquammiformes ; à stries ponctuées : les trois ou quatre premières faibles près de la base, graduellement plus prononcées vers l'extrémité : les cinquième à huitième, les septième et huitième surtout, très-faibles : les quatrième et cinquième plus courtes, prolongées jusqu'aux quatre cinquièmes de leur longueur. *Intervalles* plans : les trois premiers subconvexes postérieurement par l'effet de la profondeur des stries. *Repli* graduellement rétréci et prolongé jusqu'à la partie postéro-externe des élytres. *Dessous du corps* noir ; luisant ; pointillé ; ruguleux sur le ventre et garni de poils peu apparents. *Prosternum* comprimé en forme de lame, mais séparant visiblement les hanches jusqu'à l'extrémité, et aussi élevé que celles-ci, peu ou point prolongé après elles. *Mésosternum* presque linéaire ou très-étroit entre les hanches et terminé en pointe. *Postépisternums* faiblement rétrécis d'avant en arrière, mais un peu plus sensiblement dans la seconde moitié ; deux fois et demie environ aussi longs à leur côté externe, qu'ils sont larges dans leur milieu. *Pieds* médiocres ; noirs ; luisants ; pointillés : cuisses un peu renflées ; comprimées : jambes et tarses grêles : ceux-ci, garnis en dessous de poils spinosules. *Ongles* d'un rouge testacé.

Cette espèce a été prise par M. Perroud dans les environs de Bordeaux ; mais elle paraît se trouver rarement en France. Elle est commune en Italie et surtout en Grèce.

Obs. Elle se distingue facilement de l'*Eryx atra* par son ventre de six arceaux et par les autres caractères indiqués. Elle s'éloigne des espèces du genre *Cteniopus* qui pourraient s'en rapprocher sous le rapport de la couleur, par son corps entièrement noir et par les caractères génériques indiqués.

Genre, *Cteniopus*, CTÉNIOPE ; Solier [1].

(κτεἰς, peigne ; ποῦς, pied.)

CARACTÈRES. Repli des élytres prolongé, jusqu'à la partie postéro-externe des étuis, c'est-à-dire presque jusqu'à l'angle sutural ; graduelle-

[1] Prodrome de la famille des Xystropides, *in* Annales de la Soc. Entomol. de France, t. 4. p. 246.

ment et assez faiblement rétréci jusqu'à son extrémité. *Tête* rétrécie derrière les yeux ; allongée ; ordinairement aussi prolongée avant qu'après les antennes. *Labre* ordinairement moins d'une fois plus large que long. *Dernier article des palpes maxillaires* très-obliquement coupé à son extrémité, offrant son côté antéro-interne au moins aussi long que les trois quarts du postéro-interne chez le ♂, un peu moins long chez la ♀. *Antennes* grêles, à peu près filiformes ; au moins aussi longuement prolongées que la moitié du corps. *Prothorax* aussi rapproché du parallélipipède transverse que du demi-cercle ; à angles postérieurs presque rectangulairement ouverts, non courbés en arrière sur les angles huméraux des étuis. *Pieds* allongés ; assez grêles. *Corps* allongé ; longitudinalement arqué.

Obs. Les espèces connues ont au moins une partie des pieds jaune. Les dépressions du bord postérieur du prothorax sont en général moins marquées chez le ♂ que chez la ♀. Les premiers ont le sixième arceau profondément creusé sur sa partie longitudinale médiaire.

1. **C. sulfureus ;** Linné. *Allongé ; garni d'un duvet fin, soyeux, peu apparent ; parfois presque entièrement couleur de soufre ; toujours de cette couleur au moins sur une partie du dessous du corps, sur les cuisses et sur les élytres : celles-ci, garnies de poils concolores ; à stries légères. Intervalles très-finement pointillés. Prosternum réduit à une tranche très-étroite, souvent presque indistinct entre les hanches, un peu prolongé après elles.*

♂. Sixième arceau profondément creusé longitudinalement sur la moitié médiaire de sa largeur, avec les bords du large sillon un peu incourbés, tranchants, ciliés, obtusément arrondis chacun à l'extrémité. Antennes prolongées jusqu'aux quatre cinquièmes de la longueur du corps. Pieds proportionnellement plus longs : tarses antérieurs à peu près égaux en longueur à la jambe.

♀. Sixième arceau en ogive ; souvent marqué de deux fossettes : une de chaque côté de la ligne médiane. Antennes prolongées jusqu'aux deux tiers de la longueur du corps. Pieds proportionnellement moins longs : tarses antérieurs moins longs que la jambe.

Etat normal. Dessus et dessous du corps et pieds, d'un jaune de soufre, avec les yeux noirs ; tarses d'un flave testacé ou roussâtre, parfois un peu obscurs ou noirâtres à l'extrémité.

♂. Antennes et palpes maxillaires généralement noirs ; partie postérieure de la tête obscure.

♀. Moitié antérieure des antennes et trois premiers articles des palpes maxillaires, ordinairement d'un flave testacé ; seconde moitié des antennes et dernier article des palpes maxillaires habituellement noirs.

Le Ténébrion jaune, GEOFFR. Hist. t. 1. p. 352. 11.
Tenebrio flavus, SCOPOL. Entom. carn. p. 84. 260? — SCHÆFF. Zweif. pl. fig. 19. (♀).
Chrysomela sulfurea, LINN. Syst. nat. t. 1. p. 602. 114. — MULL. LINN. Naturs. t. 5. 1. p. 200. 14. — MULLER, Zool. Dan. prodr. p. 83. 903. — GOEZE, Entom. Beytr. t. 1. p. 296. 114. — SCHRANK, Enum. p. 98. 187. — DE VILLERS, C. LINN. Entom. t. 1. p. 166. 184.
Cistela sulfurea, FABR. Syst. Entom. p. 117. 5. — *Id*. Spec. t. p. 146. 6. — *Id*. Mant. t. 1. p. 85. 8. — *Id*. Ent. syst. t. 1. 2. p. 43. 8. — *Id*. Syst. El. t. 2. p. 18. 6. — HERBST, *in* FUESSLY's Arch. p. 64. 2. pl. 23. fig. 28. — *Id*. Trad. fr. p. 115. 2. pl. 23 fig. 28. — KARSTEN, Mus. Lesk. p. 16. 336. — ROSSI, Faun. etr. t. 1. p. 103. 262. — *Id*. éd. HELW. t. 1. p. 109. 262. — OLIV. Ency. méth. t. 6. p. 5. 7. — *Id*. Entom. t. 3. n° 54. p. 6. 5. pl. 1. fig. 6. a. — *Id*. Nouv. Dict. d'Hist. nat. (1803) t. 5. p. 502. pl. B. 27. fig. 5. — *Id*. (1817) t. 7. p. 155. — PANZ. Ent. germ. t. 1. p. 184. 6. — *Id*. Faun. germ. 106. 8. — PAYK. Faun. suec. t. 2. p. 125. 7. — SCHRANK, Faun. boic. t. 1. p. 566. 709. — WALCK. Faun. par. t. 1. p. 147. 3. — TIGNY, Hist. nat. t. 7. p. 171. pl. (p. 156) fig. 5. — LATR. Hist. nat. t. 11. p. 19. 2. — *Id*. Gen. t. 2. p. 226. 2. — *Id*. *In* CUV. Regn. anim. (1817) t. 3. p. 307. — *Id*. (1829) t. 4. p. 42. — SCHOENH. Syn. Ins. t. 2. p. 333. 5. — GYLLENH. Ins. suec. t. 2. p. 624. 3. — LAMARCK, Anim. s. vert. t. 4. p. 384. 2. — DUMÉRIL, Dict. des Sc. nat. t. 9. p. 283. — GOLDFUSS, Handb. p. 337. — MULS. Lettres, t. 2. p. 289. 1. — PERCHERON, *in* GUERIN, Dict. pittor. d'Hist. nat. t. 2. p. 205. — CURTIS, Brit. Entom. t. 13. 594. — DE CASTELN. Hist. nat. t. 2. p. 246. 9. — L. DUF. Excurs. entom. p. 70. 423. — GEBLER, Verzeich. p. 197. 4. — KÜSTER, Kæf. Europ. 18. 56.
Cteniopus sulfureus, SOLIER, *in* Annal. Soc. ent. de Fr. t. 4. p. 247. — LUCAS, Explor. Sc. de l'Algérie, p. 359. 955. — L. REDTENB. Faun. Austr. p. 603.
Tenebrio lutea, FOURCR. Ent. par. t. 1. p. 159. 12.
Cryptocephalus (*Cistela*) *sulphuripes*, GMEL. C. LINN. Syst. nat. t. 1. p. 1714. 98.
Crioceris sulphurea, MARSH. Ent. brit. t. 1. p. 219. 1.

Variations de couleur.

Var. α. *Parfois chez la ♀, les antennes, les palpes et les tarses, se montrent obscurs ou noirs, principalement vers l'extrémité et sur une partie plus ou moins considérable de leur longueur. Chez le ♂, ces modifications sont généralement plus étendues : ainsi, souvent le bord postérieur de la tête ou même toute celle-ci depuis l'épistome, sont également obscurs ou noirs, le ventre est souvent de même couleur à l'extrémité, ou se montre en outre marqué sur les côtés de taches semblables.*

Var. β. *D'autres fois le prothorax du ♂, passe aussi en partie au brun ou au roussâtre, et le ventre s'obscurcit sur une grande étendue.*

Var. γ. *Enfin d'autres fois la tête, moins ordinairement l'épistome, le prothorax et le ventre sont plus ou moins envahis par la couleur noire. Cette modification est encore particulière au ♂.*

SCHÆFF. Zweif. u. Schwir. pl. fig. 3?
KARSTEN, Mus. Lesk. p. 17. 338.
Cryptocephalus (Cistela) sulfuratus, GMEL. C. LINN. Syst. nat. t. 1. p. 1717. 260.
Cistela bicolor, FABR. Ent. syst. t. 4. append. p. 447. 8—9. — *Id.* Syst. El. t. 2. p. 18. 5. — PANZ. Ent. germ. p. 184. 7. — *Id.* Faun. germ. 34. 8. — ILLIG. Mag. t. 3. p. 161. 5. — LATR. Hist. nat. t. 11. p. 19. 3. — KÜSTER, Kæf. Europ. 18. 57.
Cistela sulfurea, SCHOENH. Syn. Ins. t. 2. p. 334 var. β. — PANZ. Index, p. 134. 2. var. — GYLLENH. Ins. suec. t. 2. p. 625. var. b.
* Cteniopus sulfureus,* var. L. REDTENB. 1. c.

Long. 0.0067 à 0,0095 (3 à 4 1/4 l.). Larg. 0,0022 à 0,0027 (1 à 1 1/4 l.) ♂. — 0,0031 à 0,0033 (1 2/5 à 1 1/2 l.) ♀.

Corps suballongé ; longitudinalement arqué ; médiocrement convexe. *Tête* presque glabre ; assez finement et peu densement ponctuée ; sillonnée sur la suture frontale : labre un peu échancré en devant ; de moitié plus large qu'il est long. *Antennes* prolongées jusqu'aux quatre cinquièmes (♂) ou seulement aux deux tiers (♀) de la longueur du corps ; à deuxième article égal à la moitié du troisième (♀) ou plus court que la moitié de celui-ci (♂). *Prothorax* tronqué en devant ; subarrondi aux angles antérieurs, élargi en ligne un peu courbe jusqu'aux deux cinquièmes des côtés, subparallèle ensuite ou à peine rétréci d'avant en arrière ; tronqué à la base, avec deux sinuosités ordinairement plus faibles ou moins sensibles chez le ♂ que chez la ♀ ; d'un quart ou d'un cinquième plus large à la base qu'il est long sur son milieu ; pointillé ; garni d'un duvet concolore fin et peu apparent ; creusé d'un sillon en arc transversal dirigé en arrière, naissant vers les deux cinquièmes des bords latéraux et prolongé en s'affaiblissant sur la ligne médiane jusqu'aux quatre cinquièmes de la longueur de celle-ci ; ce sillon, en général plus marqué chez la ♀ que chez le ♂, souvent réduit à une grosse fossette près de chaque bord latéral et alors peu prononcé ou peu apparent sur la partie médiaire ; ordinairement d'un jaune de soufre. *Ecusson* en triangle un peu obtus à l'extrémité ; au moins aussi long que large ; jaune. *Elytres* d'un quart au moins plus larges après les épaules que le prothorax à sa base ; subparallèles jusqu'aux deux tiers (♂), faiblement élargies jusqu'à la moitié (♀), rétrécies ensuite et obtuses chacune à l'extrémité ; médiocrement convexes ; à neuf stries légères, ordinairement plus ou moins distinctes (♀), souvent difficiles à compter (♂) ; pointillées ; d'un jaune de soufre ; garnies d'un duvet de même couleur. *Dessous du corps* pointillé ; brièvement pubescent ; au moins en partie d'un jaune de soufre. *Menton* élargi d'arrière en avant ; plus large près de son bord antérieur qu'il est long sur son milieu. *Prosternum* comprimé et réduit à une tranche étroite, entre les hanches ; souvent peu distinct ; un peu prolongé après les hanches, près de la base de celles-ci. *Pieds* allongés ; d'un jaune de soufre au moins sur les cuisses ; habituellement d'un jaune testacé sur les jambes.

Cette espèce paraît habiter les diverses parties de la France. On la trouve sur les fleurs de tilleul, sur les ombelles, etc.

Genre, *Heliotaurus*, HÉLIOTAURE.

(ἥλιος, soleil ; ταῦρος, taureau.)

CARACTÈRES. *Repli des élytres* prolongé jusqu'à la partie postéro-externe des étuis, c'est-à-dire presque jusqu'à l'angle sutural ; graduellement et assez faiblement rétréci à son extrémité ; ayant souvent de la tendance à se tourner en dehors. *Palpes maxillaires* tronqués à leur extrémité, offrant cette partie tronquée ou le côté antéro-interne de leur dernier article à peine de moitié aussi long que le postéro-interne. *Antennes* plus grosses dans leur seconde moitié. *Prothorax* tronqué en devant ; en général plus rapproché du parallélipipède que du demi-cercle ; ordinairement émoussé aux angles postérieurs, et n'offrant pas ces angles courbés en arrière sur ceux des étuis. *Elytres* généralement un peu plus larges en devant que le prothorax à ses angles postérieurs. *Pieds* allongés. *Corps* arqué longitudinalement.

Nous nous bornerons à décrire par une phrase diagnostique les deux deux espèces suivantes, indiquées par les auteurs comme se trouvant en France, mais qui ne paraissent pas s'y rencontrer.

1. **H. nigripennis**; Fabricius. *Suballongé; peu convexe; brièvement pubescent; roux ou d'un rouge roux au moins sur le prothorax, l'abdomen, les cuisses et les ongles. Elytres soit entièrement d'un noir brûlé, soit brunes, avec les bords d'un rouge roux; à stries ponctuées. Intervalles squammuleusement ponctués.*

Cistela nigripennis; Fabricius, Entom. Syst. t. 1. 2. p. 44. 11. — *Id.* Syst. Eleuth. t. 2 p. 18. 9. etc.

Long. 0,0100 à 0,0112 (4 1/2 à 5 l.). Larg. 0,0039 à 0,0045 (1 3/4 à 2 l.).

Indiquée par Fabricius comme étant du midi de la France.

2. **H. distinctus**; de Castelnau. *Suballongé; convexe ou médiocrement convexe; glabre, en dessus; noir. Prothorax, anus, ordinairement partie au moins des pieds antérieurs et ongles, d'un rouge jaune. Elytres d'un noir vert ou d'un noir bleu; à stries ponctuées. Intervalles ponctués.*

Cistela distincta, de Casteln. Hist. nat. t. 2. p. 246. 7. etc.

Long. 0,0078 à 0,0112 (3 1/2 à 5 l.). Larg. 0,0029 à 0,0045 (1 2/5 à 2 l.).

Indiquée par M. de Castelnau comme habitant nos provinces du midi.

Genre, *Omophlus*, Omophle; (Megerle) Solier (1).

(ὁμόφλοος, qui a une écorce semblable à celle d'un arbre.)

Caractères. *Repli des élytres* assez large à la base, graduellement et faiblement rétréci jusqu'à l'extrémité des postépisternums, replié en dedans et réduit à une tranche, soit depuis l'extrémité des postépisternums, soit peu après les hanches postérieures. *Palpes maxillaires* à dernier article obtus, obtusément tronqué ou peu obliquement coupé à l'extrémité; offrant le côté antéro-interne, une fois au moins plus

(1) Prodrome de la famille des Xystropides, *in* Annales de la Soc. entomol. de Fr. t. 4. p. 245 et 246.

court que le postéro-interne. *Antennes* un peu plus grosses dans leur seconde moitié ; au moins aussi longuement prolongées que la moitié du corps. *Prothorax* en parallélipipède plus large que long ; peu convexe ; à angles postérieurs non courbés en arrière sur ceux des étuis. *Pieds* allongés. *Tarses* grêles.

Ce genre, réduit aux limites que nous venons de lui assigner, se distingue facilement de toutes les autres coupes de cette division, par la forme du repli des élytres. Les ♂ ont les jambes de devant lisses ou inermes sur leur arête antérieure ou externe, chez presque toutes les espèces ; ils offrent en outre dans le sixième arceau ventral des caractères qui varient suivant les espèces; ordinairement chez eux une partie du septième arceau ventral se montre à l'extrémité du sixième. Les ♀ ont les jambes de devant garnies de petites épines ou de poils épineux sur leur arête antérieure.

A. Elytres garnies de poils.

B. Hanches de devant visiblement et complètement séparées par le prosternum : celui-ci prolongé jusqu'au bord de l'arceau, relevé d'avant en arrière sur sa tranche. Elytres à 10 stries distinctes, y compris la marginale.

1. **O. curvipes** ; Brullé. *Allongé ; noir ; partie au moins des trois premiers articles des antennes et élytres testacées. Prothorax presque en carré faiblement plus large que long ; peu élargi jusqu'aux deux cinquièmes, subparallèle ensuite ; peu convexe ; pointillé ; garni de poils courts et cendrés, peu épais ; étroitement rebordé ; marqué d'une fossette, vers le milieu de ses côtés, ou souvent d'un sillon prolongé vers la base ; déprimé à celle-ci, près des angles postérieurs. Elytres garnies de poils de même couleur ; à dix stries ponctuées, régulières et très-apparentes. Intervalles presque plans ; ruguleusement ponctués. Prosternum séparant les hanches, aussi élevé qu'elles, et prolongé après elles d'une manière aussi saillante.*

♂. Corps plus étroit. Elytres parallèles jusqu'aux deux tiers. Sixième arceau ventral rétréci d'avant en arrière, tronqué, ou faiblement échancré à son extrémité ; non déprimé longitudinalement. Pieds plus allongés. Jambes antérieures et intermédiaires plus grêles, arquées en dehors dans leur moitié antérieure au moins, lisses et inermes sur leur arête externe. Peigne des ongles des pieds antérieurs graduellement élargi dans son milieu.

♀. Corps moins étroit. Elytres offrant vers les quatre septièmes environ de leur longueur leur plus grande largeur. Sixième arceau ventral en ogive, fendu longitudinalement. Pieds antérieurs moins allongés. Jambes antérieures et intermédiaires presque droites, comprimées, graduellement et faiblement élargies depuis la base jusqu'à l'extrémité, garnies de poils spinosules sur leur arête externe Peigne des ongles des pieds antérieurs uniformément grêle.

Cistela curvipes, BRULLÉ, Expédition scient. de Morée (anim. articulés) p. 226. 389.
Omophlus curvipes, (DEJEAN), Catal. (1833) p. 213. — *Id.* (1837) p. 235. — KÜSTER, Kæf. Europ. 19. 58.
Megischia curvipes, SOLIER, Prodrome de la famille des Xystropides, *in* Ann. de la Soc. entom. de Fr. t. 4. (1835) p. 245 et 247.

Long. 0,0090 à 0,0123 (4 à 5 1/2 l.). Larg. 0,0033 à 0,0045 (1 1/2 à 2 l.).

Corps allongé. *Tête* un peu plus longue que large; noire; assez finement ponctuée et un peu plus densement sur la partie postérieure que sur l'antérieure; garnie de poils cendrés, courts, peu épais, souvent usés; marquée sur le milieu du front d'un sillon assez léger, souvent réduit à une fossette oblongue, parfois peu distincte surtout chez les ♀ ; marquée sur la suture frontale d'un sillon transverse profond : labre parfois moins obscur, frangé de roux testacé. *Palpes* noirs ; souvent d'un fauve testacé à la base des articles. *Antennes* prolongées à peine plus longuement (♂) ou un peu moins longuement (♀) que la moitié de la longueur du corps; peu pubescentes; noires, ordinairement avec les deux premiers articles et la moitié du troisième (♂) ou seulement l'extrémité du premier et la base des deuxième et troisième (♀) testacés. *Prothorax* presque en carré transverse, presque aussi long que large, ou d'un cinquième à peine moins long qu'il est large ; tronqué en ligne un peu moins droite à son bord antérieur qu'au postérieur; élargi faiblement, et en ligne peu courbe ou presque droite jusqu'à la moitié de ses côtés, subparallèle ensuite; étroitement rebordé et sans gouttière sur les côtés, souvent à peine moins étroitement rebordé à la base; à angles antérieurs et postérieurs assez vifs ou peu émoussés et presque rectangulairement ouverts; faiblement convexe ; noir ; plus finement et un peu moins densement ponctué que la tête; garni de poils cendrés, courts, fins, très-clairsemés, peu apparents; creusé vers chaque bord latéral, un peu après la moitié de sa longueur, d'une fossette plus ou moins prononcée; déprimé ou noté d'une fossette près de chaque angle postérieur, à la base; offrant ordinairement les traces d'une ligne longitudinale médiaire parfois déprimée vers sa moitié et à son extrémité. *Ecusson* noir ; pointillé ; en triangle obtus à l'extrémité. *Elytres* d'un quart au moins plus larges en devant que le prothorax ; trois fois et demie aussi longues que lui ; une fois au moins plus longues qu'elles sont larges, réunies ; faiblement plus larges vers la moitié de leur longueur (♀) ou subparallèles jusqu'aux deux tiers(♂),rétrécies ensuite en ligne un peu courbe jusqu'à l'angle sutural ; en ogive étroite à celle-ci ; rebordées ; très médiocrement convexes ; d'un roux testacé ou testacées ; garnies d'un duvet de même couleur, fin, couché, peu épais, peu apparent ; marquées d'une fossette humérale médiocre ou peu profonde ; creusées à la base, entre cette fossette et l'écusson,d'une fossette plus prononcée, semilunaire ou en arc dirigé en arrière ; à dix stries distinctes (y comprise celle qui touche le rebord marginal), ponctuées, affaiblies vers l'extrémité : les quatrième et cinquième prolongées jusqu'aux sept huitièmes et encloses par leurs voisines : les cinquième et sixième aboutissant à la fossette humérale, réunies en devant; offrant une strie juxta-suturale prolongée jusqu'au sixième ou au cinquième de la longueur. *Intervalles* à peine convexes ; ruguleusement ponctués. *Repli* non concave ou déprimé longitudinalement à sa base; réduit à peu près à une tranche depuis les hanches postérieures, mais offrant cependant ses deux bords contigus et distincts presque jusqu'à l'extrémité. *Dessous du corps* noir ; pointillé ; garni de poils cendrés assez longs, mi-hérissés, peu épais ou clairsemés. *Prosternum* comprimé ; séparant complètement les hanches ; à peu près à leur niveau ; prolongé après elles d'une manière au moins aussi saillante jusqu'à son extrémité. *Pieds* noirs ; garnis d'un duvet cendré : jambes, tarses souvent noirs ou bruns chez la ♀, ordinairement d'un brun fauve ou d'un fauve brun, au moins sur les quatre articles antérieurs des deux premières paires (♂).

Cette espèce habite nos provinces du midi.

Obs. Quelquefois les jambes antérieures et moins sensiblement les intermédiaires sont fauves ou d'un fauve testacé depuis la base jusque vers la moitié ou un peu plus de leur longueur.

Obs. Elle se distingue facilement de toutes les autres, même de celles ayant comme elle le prothorax presque carré et la base des antennes jaunâtre, par son prosternum aussi élevé que les hanches qu'il sépare visiblement, et prolongé après elles en une tranche graduellement plus saillante d'avant en arrière, ordinairement presque perpendiculairement coupé à son extrémité ; par ses élytres offrant, outre la strie rudimentaire, dix stries, y comprise celle qui joint le rebord marginal et qui se prolonge jusqu'à l'angle sutural aussi rapproché de ce rebord. Le ♂, d'ailleurs, est remarquable par son sixième arceau ventral en cône tronqué, entier ou à peine échancré à son extrémité, ni sillonné, ni déprimé longitudinalement

Le repli, dans cette espèce, n'est ni concave ou déprimé à la base, ni réduit ensuite à une véritable tranche. Quoique très-étroit au niveau des hanches postérieures, on peut, avec un peu d'attention, suivre ses deux bords presque jusqu'à l'extrémité. Il s'éloigne sous ce rapport de celui de toutes les espèces suivantes et se rapproche des caractères du genre Héliotaure.

BB. Hanches de devant peu ou incomplètement séparées par le prosternum : celui-ci, non relevé d'avant en arrière sur sa tranche. Elytres à neuf stries.

2. **O. picipes** ; Fabricius. *Allongé ; noir, luisant : quatre ou cinq premiers articles des antennes, partie des palpes maxillaires, jambes et tarses des quatre pieds antérieurs au moins et élytres, testacés. Prothorax presque en parallélipipède d'un quart moins long que large ; latéralement sans rebord près des angles, à peine rebordé ensuite ; rayé d'un sillon longitudinal médiaire ; marqué d'une dépression oblique naissant près du milieu des côtés, parfois réduite à une fossette latérale : hérissé latéralement de cils noirs ; garni de poils fins et grisâtres. Elytres garnies de poils testacés ; à neuf stries ponctuées. Intervalles ruguleusement pointillés. Prosternum très-comprimé entre les hanches, moins saillant qu'elles.*

♂. Corps plus étroit, plus parallèle. Antennes prolongées jusqu'aux deux tiers ou trois-quarts de la longueur du corps. Elytres parallèles jusqu'aux deux tiers. Sixième arceau ventral presque en parallélipipède plus large que long ; longitudinalement creusé sur toute sa longueur d'une gouttière un peu évasée d'avant en arrière, rayée de deux sillons rectilignes, divergents, ordinairement séparés par une légère carène : chacune des arêtes limitant la gouttière, droite, formant avec le bord postérieur un angle vif, un peu aigu, terminé par un gros poil raide, ou spinosule. *Pieds* antérieurs un peu plus longs que chez la ♀. Jambes de devant inermes sur leur arête externe ; presque parallèles dans leur moitié postérieure ; munies à leur extrémité d'éperons plus courts. Peignes des ongles des pieds antérieurs au moins renflés dans leur milieu.

♀. Corps plus large, moins parallèle. Antennes prolongées à peu près jusqu'à la moitié de la longueur du corps. Elytres sensiblement élargies jusqu'aux trois cinquièmes Sixième arceau ventral rétréci d'avant en arrière, subtriangulaire; sans dépression. Jambes armées de petites épines sur leur tranche externe. Peigne des ongles des pieds antérieurs, grêles.

Cistela picipes, Fabr. Entom. Syst. t. 1. 2. p. 43. 7. — *Id.* Syst. Eleuth. t. 2. p. 17. 4. (suivant l'exemplaire typique existant au muséum de Copenhague). — Coquebert, Illustr. t. 3. p. 127. pl. 29. fig. 3. — Schoenh. Syn. Ins. t. 2. p. 333. 3.

Omophlus tibialis, Ach. Costa. Annali dell' Accadem. degli Aspiranti natur. 2e série, t. 1. p. 156. (suivant le type).

Omophlus sericeicollis, (Sturm) Küster. Kæf. Europ. 20. 64.

Long. 0,0072 à 0,0090 (3 1/2 à 4 l.) Larg. 0,0019 à 0,0025 (7/8 à 1 1/8 l.) ♂.
— 0,0022 à 0,0033 (1 à 1 1/2 l.) ♀.

Corps allongé. *Tête* finement ponctuée; garnie d'un duvet gris-cendré : hérissée de poils noirs et clairsemés ; creusée sur le milieu du front d'une fossette très-marquée ou d'un court sillon longitudinal ; notée souvent d'une dépression assez faible entre cette fossette et le bord interne des yeux; noire : labre parfois fauve à son bord antérieur. *Palpes maxillaires* d'un fauve testacé, à dernier article noir (♀) ou à moitié noir (♂). *Antennes* prolongées jusqu'aux deux tiers (♂) ou à peine aussi longuement que la moitié (♀); ordinairement fauves, d'un fauve testacé ou testacées, tantôt seulement sur la majeure partie des quatre premiers articles, tantôt sur la totalité des cinq premiers, quelquefois en outre sur la base des sixième et septième, noires sur le reste. *Prothorax* presque en parallélipipède, d'un quart ou d'un tiers moins long que large; tronqué en ligne presque droite, et muni d'un rebord à peu près également étroit, en devant et à la base; peu arqué sur les côtés; offrant ordinairement vers les deux cinquièmes sa plus grande largeur ; à angles de devant déclives ; peu sensiblement rebordé sur les côtés jusqu'aux deux cinquièmes, très-étroitement rebordé ensuite; à angles postérieurs peu émoussés; faiblement convexe; rayé d'un sillon longitudinal médiaire ; ordinairement déprimé sur ce sillon (surtout chez le ♂), presque depuis le bord antérieur jusqu'au milieu de sa longueur; marqué près du milieu de ses bords latéraux d'une dépression souvent prolongée en un sillon obliquement transverse, dirigé vers la ligne médiane qu'il n'atteint pas, vers les trois quarts de la longueur; noir; finement ponctué ; garni (♂) ou revêtu

(♀) d'un duvet gris-cendré, couché, soyeux; cilié ou hérissé sous les bords latéraux de longs cils noirs. *Ecusson* noir; pointillé; pubescent; en triangle obtus à l'extrémité (♀) ou en triangle à côtés un peu curvilignes (♂). *Elytres* parallèles jusqu'aux deux tiers (♂) ou graduellement élargies jusqu'aux trois cinquièmes, rétrécies ensuite en ligne courbe jusqu'à l'angle sutural; émoussées à celui-ci; peu (♂) ou médiocrement (♀) convexes; creusées d'une fossette humérale; notées d'une fossette plus marquée sur la partie médiane de leur base; à neuf stries étroites, ponctuées, très-apparentes, mais plus ou moins oblitérées à leur extrémité : les quatrième et cinquième plus courtes, assez visiblement unies ou presque unies aux quatre cinquièmes de la longueur des étuis : les cinquième et sixième unies en devant sur la fossette humérale; la cinquième séparée du rebord marginal par un espace égal à celui qui la sépare de la huitième strie; offrant en outre une strie juxta-suturale prolongée jusqu'au sixième de leur longueur; testacées (♂) ou d'un fauve testacé (♀); garnies de poils de même couleur, fins, couchés, peu apparents. *Intervalles* à peu près plans; ruguleusement, finement et assez densement ponctués. *Repli* réduit à une tranche, à partir des postépisternums ou des hanches postérieures. *Dessous du corps* noir; finement pointillé; garni sur les côtés de l'antépectus de poils d'un gris-cendré, couchés, peu épais; hérissé de poils obscurs, moins clairsemés sur les côtés de l'antépectus et sur le milieu des autres parties pectorales que sur le ventre. *Prosternum* très-comprimé entre les hanches, moins saillant qu'elles, souvent peu apparent; prolongé après elles en une lame courte, peu élevée, médiocrement distincte. *Cuisses* noires; hérissées en dessous de longs poils obscurs. *Jambes* et *tarses* souvent entièrement d'un fauve testacé, mais parfois jambes et tarses postérieurs obscurs, au moins en partie : jambes antérieures glabres et inermes chez le ♂, armées au contraire chez la ♀ de petites épines ou de poils plus épineux que ceux des autres tibias.

Cette espèce vit sur le pin. Elle est très-commune, pendant le mois de mai, dans nos départements méridionaux, surtout dans ceux qui sont à l'ouest du Rhône. Nous l'avons trouvée une fois, couvrant en quantité énorme le gazon qu'ombrageait un vieux pin, qui vraisemblablement avait nourri cet essaim.

Obs. Elle est bien certainement la *Cistela picipes* de Fabricius, dont le type existe encore dans le musée de Copenhague; mais le célèbre professeur de Kiel a fait erreur en lui donnant le Danemarck pour patrie; elle n'habite pas ce pays, suivant ce que m'a écrit mon savant ami, M. Schiœdte, et ne se trouve que dans des contrées plus méridionales.

Elle a quelque analogie avec l'*O. curvipes ;* mais elle s'en distingue facilement par ses antennes testacées ou d'un fauve testacé ordinairement sur les cinq premiers articles ; par son prothorax proportionnellement plus large, rayé d'un sillon sur sa ligne médiane ; par son prosternum moins saillant ; par ses élytres à neuf stries seulement ; par leur repli réduit à une tranche après le niveau des hanches postérieures. Les ♂ des deux espèces ne peuvent être confondus. Celui du *picipes* se distingue de tous les suivants par les côtés de la large et profonde gouttière du sixième arceau, formant à l'extrémité avec le bord postérieur un angle un peu aigu, assez vif et terminé par un gros poil raide, long, graduellement rétréci.

3. **O. frigidus.** *Suballongé ; médiocrement convexe ; noir : tarses parfois moins obscurs. Elytres testacées. Dessous du corps, tête et prothorax, hérissés de longs poils noirs assez épais. Le prothorax de trois cinquièmes plus large que long ; peu arqué et muni d'un rebord relevé et tranchant, sur les côtés ; déprimé près de ce rebord, surtout vers sa moitié ; finement ponctué ; déprimé au devant de l'écusson, avec les faibles traces d'une ligne médiane sur le reste. Elytres garnies de poils obscurs ; ruguleusement ponctuées ; à neuf stries, affaiblies sur la moitié externe.*

♂. Antennes un peu plus longuement prolongées que la moitié de la longueur du corps ; à articles proportionnellement moins gros : le septième, une fois environ plus long qu'il est large à l'extrémité. Sixième arceau ventral longitudinalement creusé sur presque toute sa largeur d'une gouttière un peu évasée en ligne droite d'avant en arrière, ordinairement chargée d'une très-légère carène longitudinale sur le milieu de sa seconde moitié : bords de cette gouttière tranchants, en ligne droite jusqu'à l'extrémité, qui est arrondie et garnie de quelques poils assez fins. Jambes antérieures peu élargies de la base à l'extrémité ; lisses et inermes sur leur tranche externe. Tarses antérieurs un peu moins étroits. Peignes des ongles des pieds antérieurs renflés dans leur milieu.

♀. Antennes prolongées à peine jusqu'à la moitié de la longueur du corps ; à articles plus gros : le septième, d'un tiers à peine plus long qu'il est large à son extrémité. Sixième arceau ventral régulier, convexe, sans gouttière. Jambes de devant spinosules sur leur arête externe. Peignes des ongles des pieds antérieurs, grêles.

Omophlus frigidus, D. GUILLEBAU ; *in collect.*

Long. 0,0090 (4 l.). Larg. 0,0033 à 0,0035 (1 1/2 à 1 2/3 l.) ♂. — 0,0036 à 0,0039 (1 2/3 à 1 3/4.) ♀.

Corps suballongé. *Tête* noire ; finement ponctuée ; hérissée de longs poils noirs et assez épais ; notée d'une fossette sur le milieu du front et d'une dépression plus ou moins faible entre celle-ci et le côté interne des yeux ; creusée d'un sillon transversal sur la suture frontale : labre sensiblement échancré et cilié de roussâtre à son bord antérieur. *Palpes* noirs. *Antennes* prolongées environ jusqu'aux trois cinquièmes (♂) ou à la moitié (♀) de la longueur du corps ; noires ; peu pubescentes. *Prothorax* presque en parallélipipède transversal, de moitié ou de trois cinquièmes plus large que long ; presque en ligne droite à son bord antérieur ; un peu déclive et peu émoussé à ses angles antérieurs ; faiblement ou médiocrement arqué sur les côtés, offrant vers les deux cinquièmes ou trois septièmes de ceux-ci sa plus grande largeur ; peu émoussé aux angles postérieurs, qui sont un peu plus ouverts que l'angle droit ; tronqué à la base ; muni à celle-ci d'un rebord étroit, ordinairement affaibli ou déprimé sur son milieu ; relevé en rebord étroit plus saillant sur les côtés ; peu convexe ; déprimé ou creusé d'une fossette peu profonde vers le milieu des bords latéraux, parfois déprimé presque sur toute la longueur de ceux-ci et moins faiblement vers leur milieu ; déprimé ou sillonné brièvement au devant de l'écusson et offrant longitudinalement sur la partie plus antérieure de la ligne médiane les faibles traces d'un sillon léger ; ordinairement marqué d'une dépression ou d'une sorte de sillon léger, naissant presque indistinct vers les trois cinquièmes des bords latéraux, dirigé vers la suture d'une manière un peu obliquement transversale, tantôt atteignant la suture et se liant à son pareil vers les quatre cinquièmes de la longueur, tantôt plus ou moins interrompu sur le milieu ; finement ponctué ; garni de poils d'un cendré obscur, fins, couchés, peu apparents ; hérissé de poils noirs sur sa surface et dans sa périphérie. *Ecusson* noir ; finement ponctué ; peu pubescent ; en triangle obtus. *Elytres* débordant chacune en devant d'un quart ou d'un tiers de leur largeur le prothorax à ses angles postérieurs ; trois fois et demie environ aussi longues que lui ; subparallèles (♂) ou subgraduellement élargies (♀) jusqu'aux trois cinquièmes environ de leur longueur, rétrécies ensuite en ligne courbe jusqu'à l'angle sutural ; émoussées à cet angle ; une fois (♂) ou de deux tiers ou trois cinquièmes (♀) plus longues qu'elles sont larges, prises ensembles, dans leur diamètre transversal le plus grand ; assez faiblement (♂) ou médiocrement (♀) convexes ; creusées d'une fossette humérale assez prononcée et avancée jusqu'à la base ; plus faiblement déprimées vers le milieu de celle-ci ; testacées, d'un roux fauve, ou d'un fauve testacé ; garnies de poils obscurs ou noirâtres, couchés, peu apparents ; ruguleusement ponctuées ; à stries marquées de points ne différant pas de ceux des intervalles : ces stries ordinairement plus étroites et plus légères chez le ♂ que chez la ♀, affaiblies sur la moitié externe, souvent peu distinctes à l'extrémité : les cinquième et sixième, réunies en devant vers la partie postérieure de la fossette humérale : la huitième ordinairement moins ou peu distincte, surtout chez le ♂ ; offrant depuis un peu après les épaules jusque vers la moitié de leur longueur, une gouttière déclive ayant vers les deux septièmes de leur longueur, sa plus grande largeur. *Repli* commençant à se replier en dedans vers les trois quarts des postépisternums et réduit à une tranche presque à partir de ce point. *Dessous du corps* noir ; finement ponctué ; garni de poils cendrés obscurs ; hérissé de poils noirs assez épais, surtout sur l'antépectus. *Prosternum* très-comprimé entre les hanches, en forme de lame verticale, moins élevé qu'elles, ordinairement peu distinct par l'effet des poils et de sa minceur. *Pieds* assez allongés : noirs ; hérissés sur les côtés des cuisses de poils noirs ou obscurs inférieurement dirigés. Jambes des quatre pieds postérieurs garnies sur leur arête de poils spinosules, courts. *Tarses* noirs, bruns ou parfois d'un brun fauve, avec le dernier article ordinairement obscur. *Ongles* fauves.

Cette espèce paraît habiter principalement les provinces du centre et du midi de la France. Elle a été prise au Pilat par M. Guillebeau.

Obs. Cette espèce est facile à distinguer de l'*O. curvipes* par la forme de son prothorax et par celle de son prosternum. Elle s'éloigne du *picipes* par sa taille un peu plus avantageuse ; par son corps plus sensiblement convexe ; par ses antennes et ses jambes noires ; par son prothorax hérissé de poils noirs, longs et assez épais ; par ses élytres marquées sur les stries et sur les intervalles de points uniformes, etc. Les ♂ des deux espèces ne peuvent être confondus. Le *frigidus* a les jambes antérieures faiblement mais sensiblement élargies depuis la base jusqu'à l'extrémité ; les côtés de la gouttière du sixième arceau ventral, convexement déclives ou arrondis à leur extrémité et garnis de poils assez fins, isolés. Chez le *picipes*, les jambes de devant sont à peu près parallèles à partir du quart de leur longueur ; les côtés de la gouttière forment postérieurement avec le bord postérieur un angle aigu assez vif, terminé par un gros poil ou par deux poils agglutinés.

4. **O. pubescens**; Linné. *Suballongé; médiocrement convexe, noir: base des antennes, partie des palpes maxillaires et des tibias, variablement bruns, fauves ou d'un fauve testacé: élytres et tarses testacés. Prothorax d'un tiers ou de moitié plus large que long; un peu arqué et muni d'un rebord relevé et tranchant, sur les côtés; déprimé près de ce rebord, surtout vers sa moitié; offrant sur la ligne médiane un léger sillon déprimé au devant de l'écusson et avant sa moitié; garni de poils noirs mi-couchés, médiocrement épais, plus longuement cilié sur les côtés. Elytres garnies de poils nébuleux; ruguleusement ponctuées; à neuf stries, affaiblies sur la moitié externe.*

♂. Corps plus étroit, plus parallèle, plus faiblement convexe. Antennes prolongées jusqu'aux deux tiers ou trois quarts de la longueur du corps; à dernier article entièrement noir. Elytres parallèles jusqu'aux deux tiers. Sixième arceau ventral longitudinalement creusé sur toute sa longueur d'une gouttière un peu évasée d'avant en arrière, sans carène sur sa ligne médiane ou n'en offrant qu'une faible dans sa seconde moitié ou vers son extrémité: chacune des arêtes limitant la gouttière, convexement déclive ou arrondie à son extrémité, vers son point d'union avec le bord postérieur, ordinairement terminée par quelques poils assez grossiers. Pieds antérieurs un peu plus longs que chez la ♀. Jambes de devant inermes sur leur arête externe, un peu moins sensiblement élargies dans leur seconde moitié; munies à leur extrémité d'éperons plus courts. Peignes des ongles des pieds antérieurs au moins renflés dans leur milieu.

♀. Corps proportionnellement plus large, plus élargi vers les trois cinquièmes, plus convexe. Antennes prolongées environ jusqu'à la moitié de la longueur du corps. Sixième arceau ventral régulier, sans gouttière. Pieds antérieurs moins longs. Jambes de devant denticulées sur leur arête externe, élargies depuis la base jusqu'à l'extrémité. Peignes des ongles des pieds antérieurs grêles.

Chrysomela pubescens, Linn. Syst. nat. t. 1. p. 603. 120.
Omophlus pallidipennis, (Megerle) (Dahl) Catal. p. 46. teste D. Hampe.
Omophlus amerinæ, Curtis Brit. Entomol. t. 13 (1836). 622. 13. fig.
Omophlus pinicola, L. Redtenbacher, Faun. Aust. p. 604. — Küster, Kæf. Europ. 19. 59.

Long. 0,0090 à 0,0100 (4 à 4 1/2 l.). Larg. 0,0033 (1 1/2 l.) ♂. — 0,0036 à 0,0039 (1 2/3 à 1 3/4 l.) ♀.

Corps suballongé. *Tête* finement ponctuée ; peu garnie sur sa moitié postérieure de poils cendrés, presque glabre sur l'antérieure ; hérissée de poils noirs sur sa moitié postérieure ; notée d'une légère fossette sur le milieu du front ; faiblement déprimée près du côté interne des yeux ; non déprimée du côté interne des joues ; noire, avec le labre à peine moins obscur. *Antennes* prolongées au moins jusqu'aux deux tiers (♂) ou jusqu'à la moitié ou un peu plus de la longueur du corps (♀) ; noires, avec les troisième et quatrième articles au moins bruns, parfois fauves ou même d'un fauve testacé sur les deuxième à quatrième ou deuxième à sixième article ; peu pubescentes. *Palpes maxillaires* bruns ou d'un brun fauve ou d'un fauve testacé sur les deuxième et troisième articles ou même sur les trois derniers : le dernier quelquefois alors obscur ou noirâtre à l'extrémité. *Prothorax* coupé en ligne presque droite à son bord antérieur, ou peu sensiblement arquée en arrière, quand l'insecte est vu perpendiculairement en dessus ; tronqué à la base ; arqué sur les côtés, offrant vers le milieu de ses côtés ou un peu après sa plus grande largeur ; d'un tiers au moins plus large dans ce point qu'il est long sur son milieu ; à peine aussi large ou à peine plus large aux angles postérieurs qu'aux antérieurs ; très-étroitement rebordé à la base ; relevé en rebord étroit et tranchant sur les côtés ; peu convexe ; creusé d'une fossette vers le milieu des bords latéraux, souvent déprimé mais moins sensiblement ou légèrement en gouttière tout le long de ces bords ; marqué d'un sillon longitudinal médiaire peu profond ou assez léger, mais rendu plus apparent par deux dépressions ou fossettes : l'une entre le bord antérieur et les trois cinquièmes, l'autre entre ce point et la base : cette dernière dépression, triangulaire ; le plus souvent noté d'une dépression en arc transversal dirigé en arrière, inégalement apparent, entier ou interrompu dans son milieu, naissant de chaque fossette latérale et dirigé vers la suture vers les trois quarts de la longueur ; noir ; finement ponctué ; garni de poils fins, cendrés et couchés, et de poils noirs mi-relevés, peu ou médiocrement épais ; hérissé sur les côtés de cils noirs, plus longs et plus nombreux, naissant de l'antépectus. *Ecusson* en triangle obtus ; noir ; ponctué ; peu garni de poils cendrés. *Elytres* d'un cinquième ou d'un quart plus larges en devant que le prothorax à ses angles postérieurs ; trois fois aussi longues que lui ; une fois environ plus longues qu'elles sont larges après l'épaule, prises ensembles ; faiblement élargies jusqu'aux trois cinquièmes environ, rétrécies ensuite en ligne un peu courbe jusqu'à l'extrémité ; obtuses ou subarrondies chacune à celle-ci ; médiocrement convexes ; creusées d'une fossette humérale avancée jusqu'à la base, faiblement ou à peine déprimée vers le milieu de celle-ci ; testacées, d'un roux fauve, d'un testacé roussâtre ou d'un fauve testacé ; garnies de poils presque indistincts, couchés, peu épais, nébuleux, peu apparents ; ruguleusement ponctuées ; à stries marquées de points différant souvent à peine de ceux des intervalles : ces stries affaiblies sur la moitié externe : les cinquième et sixième réunies en devant vers la partie postérieure de la fossette humérale : la huitième ordinairement peu ou point distincte surtout chez le ♂ ; offrant depuis un peu après les épaules jusque vers le milieu de leur longueur une gouttière déclive, ayant ordinairement vers les deux septièmes ou le tiers de leur longueur sa plus grande largeur. *Repli* offrant son bord interne replié en dedans, et réduit par là à une tranche depuis les trois quarts environ des postépisternums. *Dessous du corps* noir ; luisant ; pointillé ; hérissé, surtout sur l'antépectus, de poils cendrés ou nébuleux parsemés de quelques poils noirs. *Prosternum* comprimé en forme de lame entre les hanches, un peu moins élevé que ces dernières, ordinairement apparent entre elles. *Pieds* assez allongés. *Cuisses* noires ; garnies et hérissées de poils cendrés. *Jambes* parfois noires à la base, brunes à l'extrémité ; d'autres fois graduellement d'un brun fauve ou d'un fauve brun, ou même d'un fauve testacé, passant graduellement au testacé, à l'extrémité. Jambes des quatre pieds postérieurs garnies de poils spinosules courts. *Tarses* d'un fauve testacé ou testacés, avec le dernier article souvent obscur ou noirâtre. *Ongles* testacés.

Cette espèce se trouve dans quelques-unes des parties orientales de la France.

Obs. Elle offre, comme plusieurs autres, des variations dans la couleur de quelques parties de ses antennes, de ses palpes et de ses pieds. Souvent les antennes sont noires ou d'un noir brun, ou avec les troisième à cinquième articles bruns ou d'un brun tirant sur le livide ; quelquefois, quand la matière noire a moins abondé, la teinte livide est plus prononcée, et les troisième à cinquième articles, rarement les deuxième à septième, sont d'un brun livide, d'un brun testacé, ou même d'un fauve ou d'un roux testacé. Les palpes, dans ces variations, affectent souvent la même teinte ; d'autres fois elles sont noires ou d'un brun noir, au moins à l'extrémité. Les pieds ont toujours les tarses fauves ou d'un fauve testacé, avec le dernier article souvent noirâtre : les jambes rarement obscures à leur extrémité, sont ordinairement noires ou noirâtres à la base et graduellement de la couleur des tarses à l'extrémité ; moins communément elles se montrent presque entièrement de cette dernière couleur. Les élytres varient aussi de teinte.

Elle se distingue facilement de l'*O. picipes* par son prothorax plus large, peu garni de poils soyeux et couchés, relevé en rebord sur les côtés, creusé d'une fossette vers le milieu de ceux-ci, etc.

Elle a beaucoup d'analogie avec l'*O. frigidus;* elle s'en éloigne par une taille un peu moins avantageuse ; par son prothorax un peu plus arqué sur les côtés ; garni sur sa surface de poils noirs non verticalement hérissés, moins longs, moins épais ; par ses jambes moins obscures ou d'une teinte plus ou moins claire vers leur extrémité ; par ses antennes offrant aussi ordinairement quelques-uns de ses articles basilaires fauves ou testacés ; par les poils de ses élytres un peu moins obscurs. Quand on considère l'insecte perpendiculairement en dessus, les poils paraissent souvent de la couleur des étuis, en les examinant de côté, ils semblent généralement nébuleux ou obscurs.

L'*O. pubescens* est considéré par divers naturalistes comme étant la *Cistela betulæ* de Herbst : cette dernière paraît différente par sa taille plus avantageuse (0,0112-5 l.) ; par ses antennes et par ses pieds noirs. Elle m'a été envoyée par M. Hampe, comme étant l'*O. pallidipennis* de Megerle.

5. **O. lividipes.** *Suballongé ; médiocrement convexe ; noir ; élytres testacées : tarses et ordinairement base des antennes, partie des palpes maxillaires, partie ou totalité des antennes, d'un fauve testacé. Prothorax d'un tiers plus large que long ; latéralement arqué et muni d'un rebord relevé tranchant et moins étroit dans son milieu ; noté d'une fossette vers la moitié des côtés ; offrant sur la ligne médiane un léger sillon déprimé au devant de l'écusson et avant la moitié ; garni de poils noirs mi-couchés, peu nombreux ; cilié sur les côtés. Elytres garnies de poils nébuleux ; ruguleusement ponctuées ; à neuf stries distinctes, presque égales.*

♂. Mêmes caractères que chez le précédent. Partie appendicée ou extrémité du dernier article des antennes ordinairement d'un fauve testacé.

♀. Mêmes caractères que chez la précédente espèce.

Omophlus picipes, L. REDTENBACHER, Faun. aust p. 604. — KÜSTER. Kæf. Europ. 20. 66.

Long. 0,0061 à 0,0072 (2 3/4 à 3 1/4 l.). Larg. 0,0022 à 0,0028 (1 à 1 1/4 l.) ♂. — 0,0033 (1 1/2 l.) ♀.

Cette espèce paraît rare en France. Elle a été prise par M. Godart dans les environs de Briançon.

Obs. Les deuxième à quatrième et même parfois les deuxième à septième articles des antennes sont ordinairement d'un testacé nébuleux, d'un fauve testacé ou parfois d'un brun testacé, soit entièrement, soit avec l'extrémité des articles moins claire ou plus obscure (surtout chez la ♀); plus rarement ils sont bruns. Les palpes tantôt entièrement d'un fauve testacé, sont d'autres fois en majeure partie obscurs. Les jambes souvent entièrement de la couleur des tarses ou avec la base brune, sont quelquefois presque entièrement brunes, avec l'extrémité graduellement moins obscure.

Elle offre tant d'analogie avec l'*O. pubescens*, que sans la différence de taille, il serait parfois difficile de la distinguer de cette dernière espèce. Elle s'en éloigne cependant, non seulement par un taille plus petite, mais encore par sa tête déprimée ou notée d'une fossette plus sensible au côté interne des joues, que près du bord interne des yeux; non hérissée de poils dans le milieu de sa partie postérieure; par son prothorax plus arqué sur les côtés; creusé, vers le milieu de ses bords latéraux, d'une fossette qui fait paraître son rebord moins étroit dans ce point; non sensiblement déprimé, près de ses côtés, avant et après cette fossette latérale; peu garni de poils noirs, mi-couchés; moins densement cilié sur les côtés. Par ses élytres paraissant souvent un peu moins larges en devant, parce que le prothorax est un peu plus arqué; marquées de stries très-apparentes, presque uniformément prononcées, notées de points plus gros que ceux des intervalles.

L'*O. lividipes* paraît généralement considéré en Autriche comme étant la *Cistela picipes* de Fabricius; nous avons été obligé de changer cette dénomination qui lui était appliquée à tort.

AA. Elytres glabres.

6. **O. lepturoides**; FABRICIUS. *Allongé; noir: élytres d'un jaune d'ocre (♂) ou d'un jaune d'ocre testacé (♀). Tête et prothorax garnis de poils cendrés; celui-ci, en parallélipipède transversal de trois cinquièmes*

plus large que long ; un peu arqué sur les côtés ; déprimé vers le milieu de ceux-ci ; rayé de deux sillons, transverses, raccourcis et divergents, naissant de cette dépression ; relevé latéralement en rebord moins étroit vers la moitié de sa longueur ; finement et peu densement ponctué. Elytres glabres ; ruguleusement ponctuées ; marquées d'une fossette au milieu de la base ; à stries ponctuées plus faibles à l'extrémité et sur les côtés ; sans stries distinctes entre la septième et la juxta-marginale ; presque sans gouttière sur les côtés. Dessous du corps hérissé de poils cendrés.

♂. Antennes un peu plus longuement prolongées que la moitié de la longueur du corps. Elytres ordinairement d'un jaune testacé. Sixième arceau ventral creusé d'un enfoncement ovalaire, profond, avec les côtés de cette dépression terminés en forme de pointe courbée en dedans, et garnis de poils d'un blond cendré. Jambes de devant graduellement et faiblement élargies depuis la base jusqu'à l'extrémité ; légèrement courbées en dedans et garnies de poils spinosules courts, sur leur arête antérieure ou externe. Peignes des ongles des pieds de devant élargis dans leur milieu.

♀. Antennes à peine prolongées jusqu'à la moitié de la longueur du corps. Elytres ordinairement d'un roux testacé ou d'un roux fauve. Sixième arceau ventral en ogive, subconvexe, non déprimé. Jambes de devant droites ; garnies sur leur arête externe de petites épines plus apparentes. Peignes des ongles des pieds de devant graduellement rétrécis jusqu'à leur extrémité.

Cistela lepheroides, Fabr. Mant. t. 1. p. 85. 6. — Oliv. Encycl. méth. t. 6. p. 5. 5. — *Id*. Entom. t. 3. no 54. p. 5. 3. pl. 1. fig. 3. a.
Cistela lepturoides, Fabr. Ent. syst. t. 1. 2. p. 43. 5. — *Id*. Syt. Eleut. t. 2. p. 17. 2. — Rossi, Faun. etr. t. 1. p. 103. 263. — *Id*. édit Helw. t. 1. p. 109. 263. — Panz. Faun. Germ. 5. 11. — *Id*. Ent. germ. p. 184. 4. — Tigny, Hist. nat. t. 7. p. 170. — Latr. Hist. nat. t. 11. p. 19. 1. — Schonh. Syn. ins. t. 2. p. 333. 2. — Lamark, Anim. s. vert. t. 4. p. 384. 3. — Muls. Lettr. t. 2. p. 290. 3. — Brullé. Expéd. sc. de Morée (Anim. artic.) p. 224. 385.
Chrysomela lepturoides, De Villers, t. 4. p. 263.
Omophlus lepturoides, Dahl, Catal. p. 46. — Dej. Catal. (1821) p. 71. — *Id*. (1833) p. 213. — *Id*. (1837) p. 235. — De Casteln. Hist. nat. t. 2. p. 246. 1. — *Id*. L. Redtenb. p. 604. — Küster, Kæf. Europ. 19. 56.

Long. 0,0123 à 0,0157 (5 1/2 à 7 l.). Larg. 0,0039 à 0,0048 (1 3/4 à 2 1/8 l.) ♂. — 0,0045 à 0,0053 (2 à 2 2/5 l.) ♀.

Corps allongé ; médiocrement convexe. *Tête* noire ; ponctuée, plus finement sur la partie postérieure que sur l'antérieure ; garnie de poils cendrés ou d'un gris-cendré, fins, assez longs, peu épais, en partie couchés, en partie hérissés, parfois usés ; notée d'une fossette ponctiforme au milieu du front et d'une dépression entre celle-ci et le côté interne de chaque œil ; sillonnée sur la suture frontale. *Palpes* noirs. *Antennes* prolongées jusqu'aux trois cinquièmes (♂) ou jusqu'à la moitié au moins (♀) de la longueur du corps ; noires ; presque glabres. *Prothorax* presque en parallélipipède transversal, de deux tiers plus large qu'il est long ; presque tronqué ou à peine échancré en devant, subsinué derrière chaque œil ; tronqué à la base ; un peu arqué sur les côtés, offrant vers les trois septièmes sa plus grande largeur ; émoussé à ses angles ; à peu près aussi large aux postérieurs qu'aux antérieurs ; muni dans sa périphérie d'un rebord très-étroit, plus apparent à la base, presque nul sur les côtés ; relevé latéralement en un rebord, étroit près des angles, graduellement élargi vers le milieu des bords latéraux : creusé d'une fossette ou d'une dépression vers le milieu de chacun de ces bords ; rayé de deux sillons transverses, naissant de cette dépression : l'un, au tiers ou aux deux cinquièmes de la longueur ; l'autre, aux quatre septièmes ou aux deux tiers, ordinairement divergents de dehors en dedans : l'antérieur parfois transversal : le postérieur généralement prolongé environ jusqu'au tiers ou un peu plus de la largeur, où ils s'effacent souvent l'un et l'autre ; n'offrant généralement pas de traces d'une ligne longitudinale médiaire ; d'un noir luisant ou brillant ; marqué de points assez petits et peu épais sur le dos, plus marqués et plus rapprochés sur chaque dépression ; garni ou hérissé de poils cendrés, fins, ordinairement clairsemés ou parfois usés, d'autres fois plus apparents et moins rares, surtout chez le ♂. *Ecusson* en triangle aussi long que large, un peu obtus à l'extrémité ; noir ; pointillé. *Elytres* d'un cinquième environ plus larges en devant que le prothorax à ses angles postérieurs ; quatre fois aussi longues que lui ; subgraduellement et faiblement élargies jusqu'aux deux tiers (♀) ou aux trois cinquièmes (♂), rétrécies ensuite en ligne un peu courbe ; subarrondies à l'angle sutural ; sans gouttière sensible sur les côtés ; munies latéralement d'un rebord étroit et tranchant ; médiocrement convexes ; d'un jaune d'ocre, d'un jaune testacé, d'un jaune roux ou d'un roux testacé, ordinairement d'une teinte plus claire chez le ♂ que chez la ♀ ; glabres ; marquées d'une fossette humérale assez prononcée ; offrant une autre fossette vers le milieu de leur base ; à stries ponctuées assez légères : les quatre premières ordinairement affaiblies vers la base, sensiblement dirigées en dehors, depuis les deux cinquièmes antérieurs jusqu'à leur naissance : sans stries distinctes depuis la septième jusqu'à la voisine du rebord marginal : celle-ci aussi distante de ce rebord vers le milieu de leur longueur, que la septième l'est de la sixième : l'espace compris entre la septième et le rebord marginal égal environ au tiers de la largeur d'une élytre ; offrant une strie juxta-suturale prolongée jusqu'au sixième de leur longueur. *Intervalles* ruguleux ; ponctués un peu plus finement que les stries. *Repli* obliquement tourné un peu en dehors, surtout vers les deux cinquièmes de la longueur des étuis, où il est souvent visible quand l'insecte est examiné en dessus ou peu de côté ; réduit à une tranche à peu près au niveau des hanches postérieures. *Dessous du corps* et *pieds* noirs ; hérissés de poils fins, cendrés, assez longs. *Ongles* d'un rouge testacé obscur. *Prosternum* comprimé et indistinct entre les hanches ; moins élevé qu'elles ; prolongé jusqu'à l'extrémité de l'antépectus.

Cette espèce habite les parties tempérées et méridionales de la France.

Obs. Les élytres varient de couleur, depuis le jaune presque orangé ou le jaune testacé, jusqu'au roux fauve ou au fauve roux ou fauve testacé. Parfois chez les individus à teinte claire, elles sont moins ruguleuses et offrent quelquefois trois sortes de veines claires et longitudinales situées sur les troisième, cinquième et septième intervalles. Les stries, sans être jamais bien profondes, varient de légèreté. Les pieds sont habituellement noirs ; quelquefois cependant, chez des individus n'ayant pas acquis leur coloration normale, l'extrémité des jambes et les tarses tirent sur le brun ou le brun rougeâtre, et la première moitié des antennes a parfois une teinte analogue.

Cette espèce s'éloigne de toutes les précédentes par sa taille généralement plus grande, surtout par ses élytres glabres et n'offrant pas de strie bien distincte entre la septième et la neuvième ou juxta-marginale.

7. **O. brevicollis.** *Suballongé ; noir : élytres d'un roux testacé. Prothorax en parallélipipède une fois au moins plus large que long ; sensiblement échancré en devant ; médiocrement arqué ou subanguleux sur les côtés ; relevé latéralement en rebord presque uniformément large ; rayé de chaque côté de deux sillons transverses raccourcis (l'un vers le tiers, l'autre vers les deux tiers), et d'une ligne longitudinale médiaire obsolète ; ruguleusement ponctué près des côtés ; peu hérissé de poils cendrés. Elytres glabres ; sans fossette au milieu de leur base ; ruguleusement ponctuées ; à stries ponctuées, légères et peu régulières, souvent indistinctes à l'extrémité et sur leur moitié externe ; offrant une gouttière assez étroite, depuis l'épaule jusque vers la moitié.*

♂. Corps moins large. Antennes prolongées jusqu'aux deux tiers de la longueur du corps. Elytres d'une teinte plus claire ; en général une fois plus longues que larges réunies. Sixième arceau ventral creusé longitudinalement d'un enfoncement profond, ovalaire, avec les côtés de cette dépression prolongés à leur extrémité en forme de dent ou de pointe courbée en dedans, et presque glabre. Jambes de devant graduellement et faiblement élargies depuis la base jusqu'à l'extrémité ; inermes sur leur arête antérieure. Peigne des ongles des pieds de devant élargi dans son milieu.

♀. Corps plus large. Antennes prolongées jusqu'aux trois cinquièmes de la longueur du corps. Elytres en général d'une teinte plus foncée et moins d'une fois plus longues qu'elles sont larges réunies. Sixième arceau du ventre de forme normale. Jambes de devant denticulées sur leur arête externe. Peigne des ongles des pieds de devant graduellement rétréci depuis la base jusqu'à l'extrémité.

Long. 0,0095 à 0,0123 (4 1/4 à 5 1/2l.) Larg. 0,0033 à 0,0045 (1 1/2 à 2 l.) ♂. — 0,0051 à 0,0061 (2 1/4 à 2 3/4 l.) ♀.

Corps suballongé ; assez convexe ; sensiblement plus large chez la ♀ que chez le ♂. *Tête* noire ; ponctuée ; hérissée de poils nébuleux, fins, clairsemés ou peu épais ; marquée d'une fossette sur le milieu du front et d'une dépression beaucoup plus prononcée entre celle-ci et le côté interne de chaque œil ; sillonnée sur la suture frontale. *Palpes* noirs. *Antennes* prolongées jusqu'aux trois cinquièmes (♂) ou environ jusqu'à la moitié de la longueur du corps (♀) ; noires ; presque glabres. *Prothorax* presque en parallélipipède transversal, une fois au moins plus large qu'il est long ; échancré en arc transversal obtus, à son bord antérieur ; offrant, par là, les angles antérieurs plus avancés et arrondis ; peu arqué sur les côtés, ou élargi en ligne courbe jusqu'aux deux cinquièmes, souvent un peu anguleux dans ce point, subparallèle ou rétréci ensuite en ligne presque droite ; subarrondi aux angles postérieurs ; faiblement plus large à ceux-ci qu'aux antérieurs ; en ligne à peu près droite à la base ; muni en devant et sur les côtés d'un rebord très-étroit ; rayé au devant de la base d'une ligne transversale qui le fait paraître moins étroitement rebordé ; relevé latéralement en un rebord de largeur presque uniforme, égal dans son milieu environ au sixième ou au cinquième de la moitié de sa largeur ; peu convexe ; un peu inégal ; noir ; ruguleusement ponctué sur les côtés, marqué sur le disque de points moins rapprochés, plus petits, séparés par des espaces lisses ; garni ou mi-hérissé de poils obscurs ou d'un cendré obscur, ordinairement peu épais chez le ♂, plus clairsemés ou presque nuls chez la ♀ ; creusé de deux sillons transversaux interrompus dans leur milieu, naissant chacun de la partie latérale relevée en rebord : l'un, vers les deux septièmes de la longueur et prolongé jusqu'au quart ou au tiers, ou parfois plus ou moins distinct sur toute la largeur : l'autre, naissant vers la moitié de la longueur, souvent obsolète vers ce point, prolongé, en se dirigeant un peu en arrière, jusqu'au tiers au moins de la largeur totale, vers les trois quarts de la longueur; faiblement déprimé à son bord antérieur, derrière chaque œil ; sans fossette ou dépression bien prononcée vers la moitié des bords latéraux ; marqué d'une dépression ou d'une fossette sur le milieu de la ligne médiane et au devant du milieu de la base ; offrant parfois sur la ligne médiane les faibles traces d'un raie longitudinale. *Ecusson* en triangle obtus ; noir ; pointillé ; presque glabre. *Elytres* d'un sixième ou cinquième plus larges en devant que le prothorax à ses angles postérieurs ; quatre fois et demie aussi longues que lui ; élargies en ligne subsinuée jusqu'aux trois cinquièmes de leur longueur, rétrécies ensuite en ligne courbe jusqu'à l'extrémité, arrondies chacune à celle-ci ; moins d'une fois (♀) ou une fois (♂) plus longues qu'elles sont larges prises ensemble ; offrant sur les côtés une gouttière assez étroite, naissant un peu après les épaules et prolongée jusqu'à la moitié de leur longueur ; assez faiblement (♂) ou médiocrement (♀) convexes ; à fossette humérale assez légère vers le point correspondant au milieu de la longueur du calus huméral, ordinairement plus prononcée près du bord antérieur ; sans dépression bien sensible sur le milieu de leur base ; d'un roux testacé, plus pâle chez le ♂, plus foncé chez la ♀ ; glabres ; ruguleusement ponctuées ; à stries très-légères, ponctuées comme le reste de la surface, peu régulières : les trois à cinq plus rapprochées de la suture, souvent seules distinctes, encore même parfois peu distinctes à l'extrémité. *Intervalles* plans : les sutural, troisième et cinquième ordinairement sensiblement plus étroits que leurs voisins et quelquefois un peu saillants sur une partie de leur longueur. *Repli* invisible, quand l'insecte est examiné en dessus ; réduit à une tranche à partir des hanches postérieures. *Dessous du corps* et *pieds* noirs ; hérissés de poils cendrés. *Prosternum* comprimé et indistinct entre les hanches ; moins élevé qu'elles ; prolongé jusqu'à l'extrémité de l'arceau.

Cette espèce n'est pas rare au printemps, dans les environs de Lyon et dans le midi, et même dans quelques parties du centre de la France. Les ♂ sont, en général, moins communs que les ♀.

Obs. Les élytres offrent des variations assez nombreuses. Parfois les trois stries juxta-suturales seules sont visibles, ordinairement on en peut compter cinq, quelquefois jusqu'à sept, ou plus rarement les distinguer toutes.

Néanmoins cette espèce se distingue facilement des *O. curvipes*, *picipes*, *pubescens* et *frigidus*, par ses élytres glabres ; du *lepturoides* par son corps proportionnellement moins long et plus large ; par son prothorax une fois au moins plus large qu'il est long ; moins régulièrement arqué, tantôt plus rapproché de la ligne droite, tantôt un peu anguleux sur les côtés ; relevé latéralement en un rebord presque uniformément aussi large que le sixième de la moitié de son diamètre transversal ; non creusé d'une dépression ou fossette profonde vers le milieu de ses bords latéraux ; par ses élytres sans fossette vers le milieu de leur base ; à fossette humérale légère ; offrant depuis l'épaule ou un peu après jusqu'à la moitié de leur longueur une gouttière très-apparente ; ne laissant pas voir le bord interne du repli, vers les deux cinquièmes de la longueur, quand l'insecte est examiné en dessus ; offrant leur surface rugueuse, c'est-à-dire non unie entre les points ; marquées de points plus rapprochés ; à stries ordinairement moins distinctes et ne paraissant pas marquées de points différents de ceux des intervalles.

Les ♂ s'éloignent de ceux des autres espèces par le sixième arceau ventral terminé par une sorte de forceps, c'est-à-dire par deux branches courbées en dedans à leur extrémité, et presque glabres.

ADDENDA ET ERRATA.

Page 39, après la ligne 18, ajoutez :

Voici la description de la nymphe de l'*Allecula morio*.

Nymphe arquée sur le dos ; suballongée ; blanche, au moins dans les premiers jours. *Antennes* prolongées de chaque côté en arc longitudinal, recouvertes par les deux premières paires de pattes : celles-ci offrant les cuisses et les jambes dirigées de côté, en formant un angle dont le genou est le sommet ; à tarses longitudinalement prolongés près de la partie médiaire du dessous du corps : les deux pieds postérieurs voilés par les organes du vol : les cinq ou six premiers arceaux du ventre dilatés de chaque côté en forme de lame tranchante, terminée à ses deux angles par une épine : l'antérieure dirigée en avant, la postérieure en arrière.

Page 65, au lieu de PREMIERE FAMILLE, lisez : DEUXIEME FAMILLE.

TABLE

PAR ORDRE ALPHABÉTIQUE.

Uloma Perroudi; Mulsant et Guillebeau. *Suballongé ; presque parallèle, faiblement convexe, d'un rouge brun et luisant. Prothorax presque en carré, d'un cinquième plus large que long ; bissinué et sans rebord à la base, au moins sur sa majeure partie médiaire ; finement ponctué. Elytres à neuf stries profondes et ponctuées. Intervalles un peu crénelés par les points des stries ; superficiellement pointillés ; peu convexes ou presque plans. Menton généralement moins large qu'il est long. Jambes de devant ordinairement à cinq dentelures.*

♂. Prothorax marqué, près du milieu du bord antérieur, d'une fossette transverse égale à un peu plus du tiers antérieur. Jambes de devant plus sensiblement arquées. Menton obtriangulaire ; glabre ; ordinairement peu sillonné parallèlement à ses bords latéraux.

♀. Prothorax sans dépression. Jambes de devant moins sensiblement arquées. Menton profondément sillonné de chaque côté, près du bord latéral.

Uloma Perroudi, Muls. et Guilleb. Ann. de la Soc. Linn. de Lyon, nouv. sér. t. 2. p. 421. — Muls. Opus. t. 6. p. 201.

Long. 0,0081 à 0,0090 (3 2/3 à 3 l.). Larg. 0,0029 à 0,0031 (1 1/3 à 1 2/5 l.).

Corps oblong ; presque parallèle, très-faiblement convexe ; entièrement d'un rouge brun luisant, en dessus. *Tête* creusée d'une suture frontale en demi-cercle affaibli sur son milieu ; transversalement sillonnée après les yeux ; marquée de points assez denses, plus gros sur la partie postérieure que sur le front et surtout sur l'épistome. *Yeux* noirs. *Prothorax* assez faiblement échancré en arc, en devant, avec les angles sensiblement avancés ; faiblement élargi en ligne peu courbe jusqu'aux deux cinquièmes environ, subparallèle ensuite ; à angles postérieurs peu ou point émoussés et rectangulaires ; à peine rebordé sur les côtés du bord antérieur, sans rebord sur la partie médiaire de celui-ci ; rebordé sur les côtés ; sans rebord à la base ou n'offrant que près des angles les traces plus ou moins faibles ou presque indistinctes d'un rebord très-étroit ; bissinué à son bord postérieur, avec la partie médiaire de celui-ci arquée en arrière et plus prolongée que les angles ; d'un cinquième environ plus large à la base qu'il est long sur son milieu : peu convexe ; marqué de points moins petits près des bords que sur le milieu : ces points séparés par des intervalles presque lisses ou indistinctement pointillés. *Ecusson* en triangle, à côtés curvilignes ; parcimonieusement ponctué. *Elytres* presque parallèles jusqu'aux deux tiers, en ogive un peu obtuse postérieurement; munies latéralement d'un rebord non prolongé jusqu'à l'angle sutural; faiblement convexes; à neuf stries profondes, presque égales chacune au tiers de chaque intervalle, ponctuées: ces points paraissant en général séparés les uns des autres par un espace à peine égal à leur diamètre: la première strie subterminale: la deuxième, postérieurement liée à la septième, en enclosant les troisième à sixième: la huitième postérieurement un peu plus courte, libre: les quatrième et cinquième plus courtes postérieurement et encloses par leurs voisines: les sixième, septième et huitième antérieurement raccourcies; offrant près de la suture une rangée de points plus ou moins marqués, prolongés ordinairement jusqu'au cinquième de la longueur. *Intervalles* superficiellement pointillés; presque plans ou peu convexes près de la suture, plus sensiblement convexes près du bord externe; un peu crénelés par les points des stries. *Repli* non prolongé jusqu'à l'angle sutural. *Dessous du corps* finement ponctué sur la ligne longitudinalement médiaire, ponctué moins finement sur les parties latérales, et d'une manière ruguleuse sur le ventre. *Menton* obtriangulaire; plus large près des angles antérieurs qu'il est long sur son milieu, profondément (♀) ou à peine (♂) sillonné de chaque côté, parallèlement aux bords latéraux; glabre (♂♀). *Prosternum* rebordé, convexement déclive à sa partie postérieure; peu distinctement crénelé sur le dos de cette partie déclive; ne dépassant pas le bord postérieur de l'antépectus. *Pieds* médiocres. *Cuisses intermédiaires* et *postérieures* sillonnées en dessous pour recevoir la jambe dans la flexion. *Jambes de devant* armées ordinairement de quatre à six dentelures sur leur arête externe: les *intermédiaires* moins élargies, crénelées ou munies de dentelures plus petites et moins nettement séparées. *Premier article des tarses postérieurs* à peu près égal au dernier; plus long que les deux suivants réunis.

Cette espèce a été trouvée à la Teste de Buch, dans des souches de pins, par M. Perroud; elle a été prise, dans les mêmes arbres, dans les environ de Fribourg, en Suisse, par l'un de nous. Elle se trouve également dans les Alpes.

Nous l'avons dédiée à notre savant ami M. Perroud, de Lyon.

Obs. Elle a vraisemblement été confondue par divers naturalistes avec l'*U. culinaris*. Elle s'en distingue par une taille moins avantageuse; par son corps plus étroit, plus faiblement convexe ou un peu plus rapproché de la surface plane; par ses jambes de devant, armées ordinairement de quatre à six dentelures seulement, tandis que dans le *culinaris* on en compte généralement de six à huit; par son menton obtriangulaire, moins large dans son diamètre transversal le plus grand qu'il est long sur son milieu ; surtout par son prothorax sans rebord à la base, ou n'offrant que près des angles postérieur les faibles traces d'un rebord. Le menton du ♂ est d'ailleurs glabre, tandis qu'il est garni d'une sorte de brosse de poils chez celui de l'*U. culinaris*.

La description de cette dernière espèce, donnée dans l'Hist. nat. des Coléoptères de France (LATIGÈNES), p. 232, a besoin d'être modifiée de la manière suivante :

Suballongé ; presque parallèle ; peu convexe ; d'un rouge brun luisant. Prothorax presque en carré d'un quart plus large que long ; bissinué et rebordé à la base ; pointillé. Elytres à neuf stries profondes et ponctuées. Intervalles un peu crénelés par les points des stries ; presque lisses ou superficiellement pointillés, presque plans. Menton généralement moins long qu'il est large dans son diamètre transversal le plus grand. Jambes de devant ordinairement à six ou huit dentelures.

♂. Prothorax marqué, près du bord antérieur, d'une impression en arc dirigé en arrière, occupant presque le tiers médiaire de la largeur, postérieurement suivie de deux petits tubercules, situés, un de chaque côté de la ligne médiane. Menton en ovale transverse, garni d'une sorte de brosse de poils ; non sillonné près de ses bords latéraux. Cuisses antérieures plus renflées. Jambes de devant plus sensiblement arquées et terminées en pointe plus aiguë à leur angle postéro-externe.

♀. Prothorax sans impression et sans tubercules. Menton presque cordiforme ; sillonné près de ses bords latéraux.

Saperda phoca. Froehlich. *Dessus du corps revêtu d'un duvet épais cendré blanchâtre ou cendré jaunâtre, irrégulièrement marqué de points bruns, dénudés, luisants, plus petits sur la tête que sur le prothorax, et sur ce dernier que sur les élytres, surtout à la base de celles-ci. Antennes à articles noirs à l'extrémité, annelés à la base de blanc cendré.*

Saperda charcharias, Schrank, Enum. p. 140. 264. — *Id.* Faun. Boic. t. 1, p. 665. 917.

Saperda similis, Laichart. Tyr. Ins. t. 2. p. 31.

Saperda phoca, Froehlich, Dissert. *in* Naturforsch. t. 27, p. 139. — Charpentier, Hor. entom. p. 223. — Germar, Faun. ins. Eur. 23. 14.

Long. 0,015 à 0,018 (6 1/2 à 8 l.). Larg. 0,004 à 0,005 (1 2/3 à 2 l.).

Corps uniformément revêtu d'un épais duvet cendré, tirant ordinairement un peu sur le blanc (♂) ou sur le jaunâtre (♀); irrégulièrement marqué de points dénudés, bruns, plus petits sur la tête que sur le prothorax, et sur celui-ci que sur les élytres, surtout à la base de celles-ci ; parcimonieusement hérissé de poils obscurs. *Tête* longitudinalement rayée d'une ligne prolongée de l'occiput au milieu de la suture frontale : épistome échancré en devant. *Yeux* noirs très-échancrés. *Antennes* un peu moins longues que le corps (♀) ou un peu plus longues (♂); sétacées; garnies en dessous de quelques cils clair-semés : noires au sommet des articles, annelées à la base d'un duvet blanc cendré. *Prothorax* moins long que large; tronqué presque en ligne droite antérieurement, un peu en angle très-ouvert à la base ; subcylindrique; longitudinalement marqué d'une ligne médiaire dénudée, brune, ordinairement moins étroite vers la moitié de la longueur. *Ecusson* presque carré, ou irrégulièrement en demi-cercle tronqué postérieurement; rayé dans son milieu d'une ligne longitudinale. *Elytres* d'un tiers environ plus larges que le prothorax; cinq fois environ aussi longues que lui ; à fossette humérale très-marquée ; peu émoussées aux épaules; subparallèles (♀), plus sensiblement rétrécies et plus visiblement subsinueuses dans le milieu de leur côté externe (♂), obtuses à l'extrémité ; longitudinalement déprimées en dessus, brusquement rabattues et subperpendiculairement déclives ; marquées de points bruns, dénudés et luisants, plus gros près de la base, graduellement plus petits vers la partie opposée, mais encore aussi gros sur cette partie que sur le prothorax. *Dessous du corps* et *pieds* revêtus d'un duvet cendré jaunâtre. *Ventre* marqué de points bruns, dénudés, assez petits, un peu plus épais que sur le prothorax. *Jambes intermédiaires* subsinueuses et frangées de cendré fauve vers la partie postérieure de l'arête supérieure.

Cette espèce a été prise sur un peuplier dans les environs de Nîmes, par MM. Prophète et Javet.

Obs. Elle a beaucoup d'analogie pour la couleur de sa robe avec l'*A. carcharias*, mais elle a le prothorax plus cylindrique, les élytres plus parallèles et non terminées par une pointe ou épine ; elle appartient, en un mot, au genre *Saperda*, et n'a pas les caractères propres à celui d'*Anacrea*.

Toxotus humeralis; Fabr. *Quatrième article des antennes à peine aussi grand que la moitié du précédent: celui-ci plus court que le cinquième. Elytres rétrécies vers l'extrémité, obliquement échancrées à celle-ci, plus longues à l'angle postéro-externe qu'au sutural; peu distinctement striées; d'un noir gris, avec une tache humérale rouge; ventre entièrement de cette dernière couleur. Tête, prothorax, poitrine et pieds d'un noir gris.*

Schæffer, Icon. t. 1 pl. 79. fig. 7. — Harrer, Beischreib. (1784), n° 330.

Leptura humeralis, Fabr. Mant. 1. p. 158. 14. — *Id.* Ent. syst. t. 1. 2. p. 243. 19. — *Id.* Syst. El. t. 2. p. 359. 25. — Gmel. C. Linn. Syst. nat. t. 1. p. 1870 31. (1792). — Oliv. Encycl. t. 7. p. 521. 45. — Panz. Ent. Germ. p. 270. 13. — *Id.* Faun. Germ. 45. 11. — D. H. Hoppe, Taschenb. (1797). p. 225. 25. — Latr. Hist. nat. t. 11. p. 311. 17. — Schonh. Syn. ins. t. 3. p. 484. 28.

Cerambyx quercus, Goez. Naturf. t. 19. p. 73. pl. 4. 5. et fig. 6. var.

Stenochorus humeralis, Oliv. Ent. t. 4. p. 69. p. 22. 16. pl. 2. fig. 18.

Toxotus humeralis (Dahl) Catal. p. 70. — Dej. Catal. (1833) p. 354. — *Id.* (1837) p. 380. — L. Redtenb. Faun. austr. p. 504. — Küster, Kæf. Eur. 4. 86.

Long. 0,0157 (7 l.). Larg. 0,0048 (2 1/8 l.).

Tête oblongue; inégale; transversalement sillonnée ou déprimée sur la suture frontale, sur le front entre les yeux, et moins sensiblement sur la partie postérieure; longitudinalement rayée d'une ligne sur le milieu du front; subruguleusement et assez finement ponctuée; d'un noir presque ardoisé; garnie de poils ou d'un duvet d'un gris soyeux. *Yeux* d'un brun rougeâtre; arrondis; à peine échancrés; saillants sur les côtés de la tête. *Antennes* placées au devant des yeux; sensiblement moins longues que le corps, surtout chez les ♀; subfiliformes; de onze articles, à cinquième plus long que le troisième; noires et moins pubescentes sur les quatre premiers, revêtues sur les suivants d'un duvet brun, soyeux, très-court. *Prothorax* arqué antérieurement, bissinueusement tronqué à sa partie postérieure; plus étroit en devant qu'en arrière; relevé en rebord au sommet et à la base; transversalement sillonné au-dessous du premier et au devant de la seconde, étranglé latéralement à l'extrémité de ces sillons; armé de chaque côté, dans son milieu, d'un tubercule obtusément pointu; rayé d'un sillon longitudinalement sur son disque; densement pointillé; revêtu d'un duvet soyeux, diversement couché, d'un gris presque ardoisé. *Ecusson* sensiblement plus long que large; en triangle subcurviligne, émoussé à l'extrémité. *Elytres* d'un tiers au moins plus larges que le prothorax à sa base; trois fois environ aussi longues que lui; à fossette humérale profonde; relevées aux épaules; subsinueusement rétrécies (♀), ou plus graduellement et plus sensiblement rétrécies (♂) de la base à l'extrémité; obliquement tronquées ou plutôt échancrées à cette dernière; plus courtes à l'angle sutural qu'au postérieur externe; subdéprimées longitudinalement sur leur disque, brusquement inclinées sur les côtés; munies latéralement d'un rebord à peine visible quand l'insecte est vu perpendiculairement en dessus; finement pointillées; peu distinctement rayées de quatre stries longitudinales, depuis la suture jusqu'à la fossette humérale; très-légèrement ridées; noirâtres, avec la partie humérale rouge depuis la fossette jusqu'au quart de la longueur des côtés; revêtues d'un duvet soyeux, couché et presque ardoisé. *Dessous du corps* d'un noir gris soyeux sur les parties pectorales, rouge sur le ventre. *Pieds* allongés; noirs, parés d'un duvet gris, soyeux.

Elle a été prise dans le bois de la Hart, près de Colmar, selon M. d'Aumont.

Heptaulacus villosus; *allongé ; faiblement convexe; d'un rouge brun de poix ou d'un brun de poix rougeâtre, ordinairement moins clair sur le prothorax ; marqué sur ce dernier et sur la tête, qui n'a point de tubercule, de points assez gros donnant chacun naissance à un poil. Elytres à sept rainurelles peu profondes, subterminales, moins la quatrième : les quatre premières plus étroites, les trois autres plus larges que les intervalles : ceux-ci bissérialement garnis de poils. Dessous du corps d'un brun de poix, avec la région anale et les pieds, plus clairs.*

Aphodius villosus, Schoenherr (décrit par Gyllenh.) Syn. insect. t. 1. p. 83. 60.

Long. 0,0033 (1 3/4 l.). Larg. 0,0018 (4/5 l.).

Chaperon en demi-hexagone, subarrondi aux angles de devant ; à peine échancré et sans abaissement sensible à sa partie antérieure ; rebordé dans sa périphérie ; non relevé aux angles antérieurs ; faiblement dilaté aux joues. *Tête* faiblement convexe ; d'un rouge brun ou tirant sur la couleur de poix ; subaspèrement marquée de points assez gros, donnant chacun naissance à un poil ou espèce de soie livide jaunâtre ; presque lisse sur le vertex. *Yeux* bruns. *Palpes* et *antennes* d'un rouge brunâtre ou d'un rouge brun livide. *Prothorax* peu ou point échancré en devant, à angles antérieurs sans avancement sensible ; cilié et faiblement curvilinéaire sur les côtés ; à angles postérieurs obtusément ouverts ; écointé à ceux-ci ou en arc dirigé en arrière et à peine bissubsinueux, à la base ; garni latéralement d'un rebord qui s'arrête aux angles postérieurs ; sans rebord postérieurement ; faiblement convexe en dessus ; d'un brun de poix rouge ou rougeâtre, plus clair sur les côtés ; densement marqué de points circulaires assez gros, donnant chacun naissance à un poil livide ou d'un livide jaunâtre, offrant dans la seconde moitié de sa ligne médiaire un relief peu apparent. *Ecusson* en triangle plus long que large ; d'un brun de poix rougeâtre ; très-densement et finement pointillé. *Elytres*, aux épaules, un peu moins larges que le prothorax ; deux fois environ aussi longues que lui ; subsinueuses au-dessous des épaules, subcurvilinéairement et faiblement élargies ensuite jusqu'au milieu de leur longueur ; subarrondies à l'extrémité ; entières à l'angle sutural ; médiocrement convexes en dessus ; d'un rouge brun de poix plus clair que le prothorax, quelquefois d'une manière presque uniforme, d'autres fois avec des parties (les épaules et les côtés surtout) moins foncées ou plus claires que les autres ; à sept rainurelles subterminales, excepté la quatrième qui est plus courte, médiocrement ou assez faiblement profondes : les quatre premières plus étroites que les intervalles : les cinquième, sixième et surtout septième, plus larges que les intervalles : la cinquième et surtout la sixième plus ou moins sensiblement convexe, et paraissant par-là offrir une rainurelle de plus, surtout quand on examine l'insecte d'arrière en avant. *Intervalles* bissérialement garnis de poils livides ou d'un livide jaunâtre, produisant l'effet de guillochis. *Dessous du corps* d'un brun de poix rougeâtre, avec la région anale et les pieds plus clairs. Premier article postérieur des tarses à peu près aussi long que les trois suivants réunis.

Cette espèce paraît rare en France. Elle a été trouvée par M. Rey dans les environs de Lagnieu (Ain).

Le quatrième intervalle est plus court et enclos par les troisième et cinquième parialement réunis.

L'*H. villosus* fait le passage des Aphodiates ayant dix rainurelles à ceux qui n'en ont que sept.

Helophorus alpinus; Heer. *Ovale ; très-médiocrement convexe. Prothorax d'un brun verdâtre, chargé sur son disque de quatre côtes noueuses : les deux médiaires, prolongées du sommet à la base, à deux renflements : l'un, antérieur : l'autre, vers la moitié ou un peu après, arqué en dehors : les deux autres, raccourcies en devant, à un seul renflement : celles-ci séparées du rebord latéral par un espace plus large qu'elles. Elytres à dix rangées striales de points alternativement séparés par des intervalles relevés en arête : la deuxième, déprimée, vers le quart : la quatrième, vers les deux cinquièmes : la cinquième, affaiblie en devant ; brunes, parées d'une bordure externe et de quelques taches d'un roussâtre testacé.*

Long. 0,0030 (1 2/5 l.). Larg. 0,0043 (3/5 l.).

Tête penchée ; triangulaire ; d'un vert brun ou d'un brun verdâtre ; chargée de petits points tuberculeux ; rayée sur la suture frontale d'une raie ou d'un sillon étroit en angle dirigé en arrière. *Antennes* et *palpes* au moins en partie obscurs. *Prothorax* d'un quart ou d'un tiers plus large en devant que la tête ; sinué ou échancré à son bord antérieur derrière chaque œil, avec les angles de devant avancés en espèce de dent ; un peu élargi en ligne courbe jusqu'au quart de sa longueur, puis rétréci en ligne droite, plus étroit aux angles postérieurs qu'aux antérieurs ; en angle dirigé en arrière, à la base, avec les côtés de cet angle presque droits ou légèrement en arc rentrant ; à angles postérieurs vifs et un peu plus ouverts que l'angle droit ; de moitié environ plus large à la base qu'il est long sur son milieu ; faiblement convexe en dessus ; d'un brun verdâtre ; chargé sur son disque de quatre côtes longitudinales irrégulières, séparées par des sillons, chargées de sortes de guillochis et garnies de poils flavescents couchés : les deux côtes voisines médiaires, naissant au bord antérieur, renflées ou un peu noueuses dans leur premier tiers, puis affaiblies et rétrécies, plus fortement noueuses et arquées au côté externe depuis les deux cinquièmes jusqu'aux trois quarts, rétrécies à partir de ce point et prolongées en ligne droite jusqu'à la base : les deux autres côtes, raccourcies en devant, noueuses jusqu'au-delà de la moitié, puis affaiblies et prolongées en ligne droite jusqu'à la base : ces dernières côtes, séparées du bord externe par un espace ruguleux, uniformément et faiblement déclive, aussi large que la partie noueuse de chacune : le sillon médiaire à peu près en ligne droite, mais de largeur et de profondeur un peu inégales : chacun des sillons servant à séparer les côtes juxta-médiaires des autres, sinueux, arqué en dehors dans la partie correspondant au nœud submédiaire de la côte juxta-médiaire. *Ecusson* petit; presque carré, un peu plus long que large; d'un brun verdâtre; ordinairement creusé d'une fossette. *Elytres* à peine plus larges en devant que le prothorax à ses angles postérieurs; près de trois fois aussi longues que lui; faiblement élargies jusqu'aux trois cinquièmes de leur longueur, rétrécies ensuite en ligne un peu courbe à partir de ce point jusqu'à l'angle sutural; offrant une tranche marginale étroite, subhorizontale, munie d'un rebord à peine denticulé et garni de quelques poils frisés; très-médiocrement convexes; marquées de dix rangées striales de points alternativement séparées par un intervalle relevé en forme d'arête: les suturale et troisième, entières: la deuxième, déprimée ou presque interrompue vers le quart ou un peu plus de sa longueur: la quatrième, pareillement déprimée ou presque interrompue, vers les deux cinquièmes de sa longueur: la cinquième ou submarginale affaiblie en devant; offrant en outre une strie et une côte juxta-suturale rudimentaires: à peine prolongées jusqu'au sixième de la longueur des étuis; brunes, d'un brun noir ou d'un brun à peine verdâtre, avec une bordure externe et quelques taches d'un flave testacé ou d'un roux livide ou testacé: la bordure, couvrant tout l'espace compris entre le bord et la cinquième côte: les taches situées: la première, vers les deux cinquièmes de la longueur des étuis, entre la troisième et la cinquième côte, sur la dépression existante dans ce point: la deuxième, vers les cinq septièmes de la longueur, transversale, couvrant depuis la deuxième jusqu'à la sixième rangée striale; offrant en outre la troisième côte en majeure partie d'un blanc roussâtre ou d'un flave testacé presque depuis la base jusqu'aux quatre septièmes de sa longueur, et la première, marquée d'une tache de même couleur, vers les trois septièmes de sa longueur. *Dessous du corps* d'un brun rouge ou d'un rouge brun, ordinairement maculé de taches d'un brun verdâtre. *Prosternum* obscur; obtriangulaire, plus large que long, chargé vers son extrémité d'une ligne médiaire élevée. *Pieds* d'un rougeâtre livide. *Jambes* garnies de poils livides; denticulées sur l'arête externe.

Cette espèce a été trouvée par mon ami M. Rey, dans les environs d'Avenas (Rhône).

Ouvrages du même Auteur.

LETTRES A JULIE SUR L'ENTOMOLOGIE. *Paris.* 1830. 2 vol. in-8.

HISTOIRE NATURELLE DES COLÉOPTÈRES DE FRANCE.

— LONGICORNES. *Paris.* 1839. 1 vol. in-8.

— LAMELLICORNES. *Paris.* 1842. 1 vol. in-8.

— PALPICORNES. *Paris.* 1844. 1 vol. in-8.

— SULCICOLLES. — SÉCURIPALPES. *Paris.* 1846. 1 vol. in-8.

— LATIGÈNES. — *Paris.* 1854. 1 vol. in-8.

— PECTINIPÈDES. *Paris.* 1855. 1 vol. in-8.

SPÉCIÈS DES COLÉOPTÈRES TRIMÈRES SÉCURIPALPES. *Lyon et Paris.* 1850-1851. 1 vol. en deux parties grand in-8.

OPUSCULES ENTOMOLOGIQUES grand in-8°.

— 1er cahier. 1852.

— 2me cahier. 1853.

— 3me cahier. 1853.

— 4me cahier. 1853.

— 5me cahier. 1854.

— 6me cahier. 1855.

Sous presse :

HISTOIRE NATURELLE DES COLÉOPTÈRES DE FRANCE.

— HÉTÉROMÈRES. (Suite et fin).

— STERNOXES.

OPUSCULES ENTOMOLOGIQUES grand in-8°.

— 7me cahier.

COURS D'HISTOIRE NATURELLE. (Zoologie).

Lyon. — Imp. de F. DUMOULIN, rue Centrale, 20.